Statistics

만화로 쉽게 배우는 통계학

저자 / 다카하시 신

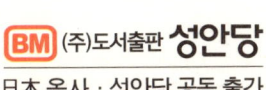

만화로 쉽게 배우는
통계학

Original Japanese edition
Manga de Wakaru Toukeigaku
By Shin Takahashi and TREND-PRO
Copyright © 2004 by Shin Takahashi and TREND-PRO
Published by Ohmsha, Ltd.
This Korean Language edition co-published by Ohmsha, Ltd. and Sung An Dang, Inc.
Copyright © 2006~2021
All rights reserved.

P reface
머리말

만화로 쉽게 배우는
통계학

이 책은 통계학의 입문서로,

- 졸업논문이나 업무에서 데이터 분석을 할 필요가 있는 분들
- 현재로서는 데이터 분석의 필요가 별로 없지만 통계학의 세계를 시험삼아 살펴보고 싶은 분들을 전제로 하고 있습니다. 통계학을 이미 공부한 분들도 물론 환영합니다.

통계학은 수학 중에서도 '생활', '업무'에 밀착한 장르입니다.

통계학의 지식을 익혀 두면, 예를 들면
- 대학 축제에서 볶음국수가 몇 그릇 정도 팔리겠는지 예측하거나,
- 자격시험에 합격할 수 있는지의 여부를 예측하거나,
- 약제 X를 투여할 때와 하지 않을 때의 생존율을 비교할 때 편리합니다.

이 책은 7장까지 있으며,

- 만화 부분
- 만화 부분을 보충하는 내용 부분
- 예제와 해답
- 정리

로 구성되어 있습니다. 만화만 읽어 가기만 해도 지식을 익힐 수 있을 것이며, 그 외의 부분을 읽으면 지식의 깊이가 더해질 것입니다.

이 책을 읽고 나서 '통계학이 재미있구나', '실생활에 도움이 되는구나' 라고 생각해 주면 저자로서 더 이상 바랄 것이 없습니다.

마지막으로 저에게 집필의 기회를 주신 출판사 관계자 여러분께 감사드립니다.

Shin Takahashi

Contents 차 • 례

프롤로그 두근두근 통계학 ... 1

Chapter 01 데이터 종류를 파악하자 ... 13

01. 카테고리 데이터와 수량 데이터 ... 14
02. 카테고리 데이터에서 주의해야 할 예 ... 20
03. 실무에서 '매우 재미있다.' ~ '매우 재미없다.' 의 취급방법 ... 28
　예제와 해답 ... 29
　정리 ... 29

Chapter 02 데이터의 전체적인 분위기를 파악하자 〈수량 데이터 편〉 ... 31

01. 도수분포표와 히스토그램 ... 32
02. 평균 ... 40
03. 중앙값 ... 44
04. 표준편차 ... 48
05. 도수분포표에서 계급의 크기 ... 54
06. 추측통계학과 기술(記述)통계학 ... 57
　예제와 해답 ... 57
　정리 ... 58

Chapter 03 데이터의 전체적인 분위기를 파악하자 〈카테고리 데이터 편〉 ... 59

01. 단순집계표 ... 60
　예제와 해답 ... 64
　정리 ... 64

Chapter 04 표준값과 편차값   65

01. 표준화와 표준값   66
02. 표준값의 특징   73
03. 편차값   74
04. 편차값의 해석   76
　예제와 해답   78
　정리   80

Chapter 05 확률을 구하자   81

01. 확률밀도함수   82
02. 정규분포   86
03. 표준정규분포   89
04. 카이제곱분포   99
05. t 분포   106
06. F 분포   106
07. '××분포'와 Excel   107
　예제와 해답   108
　정리   109

Chapter 06 이변수의 관련성에 대해 알아보자   111

01. 상관계수   116
02. 상관비   121
03. 크래머의 연관계수   127
    예제와 해답   138
    정리   142

Chapter 07 독립성 검정을 마스터하자   143

01. '검정' 이란   144
02. 독립성 검정   151
03. 귀무가설과 대립가설   170
04. P 값과 검정의 순서   175
05. 독립성 검정과 동일성 검정   184
06. 검정 과정에서 결론의 표현   187
    예제와 해답   188
    정리   189

부록 Excel로 계산하자   191

01. 도수분포표를 작성한다   192
02. 평균, 중앙값, 표준편차를 산출한다   195
03. 단순집계표를 작성한다   197
04. 표준값, 편차값을 산출한다   199
05. 표준정규분포의 확률을 산출한다   204
06. 카이제곱분포의 가로축 값을 산출한다   205
07. 상관계수의 값을 산출한다   207
08. 독립성 검정을 한다   208

- 찾아보기   212
- 참고 문헌   214

프롤로그
두근두근 통계학

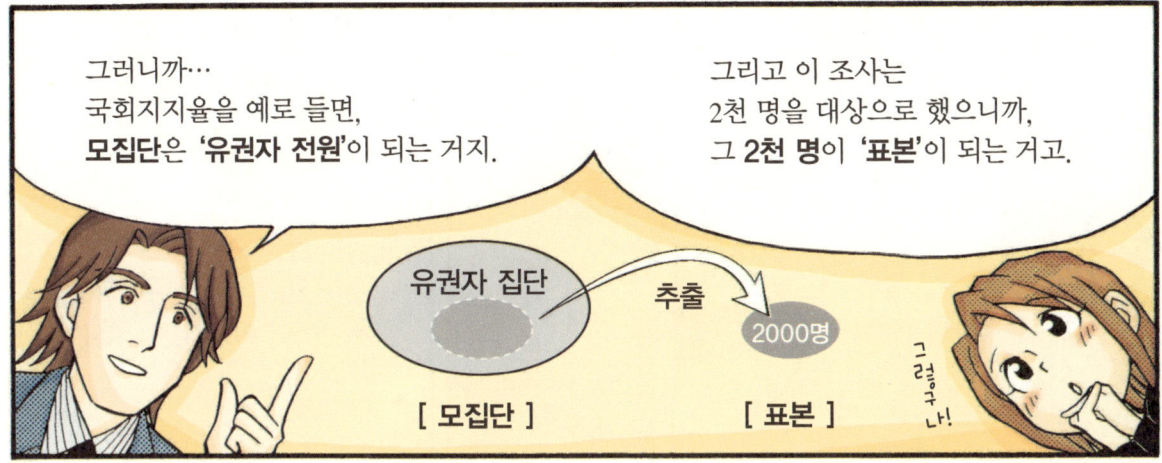

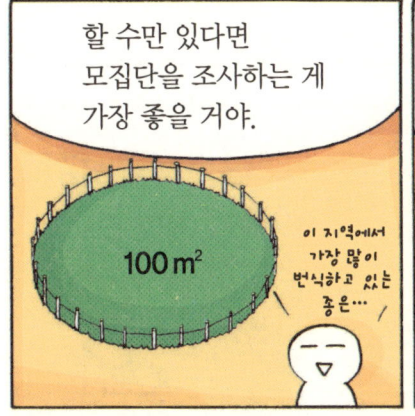 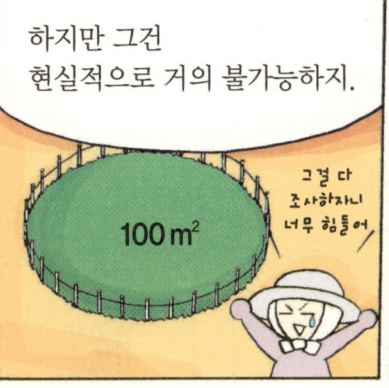 

Chapter 01 데이터 종류를 파악하자

01. 카테고리 데이터와 수량 데이터

02. 카테고리 데이터에서 주의해야 할 예

03. 실무에서 '매우 재미있다' ~ '매우 재미없다'의 취급방법

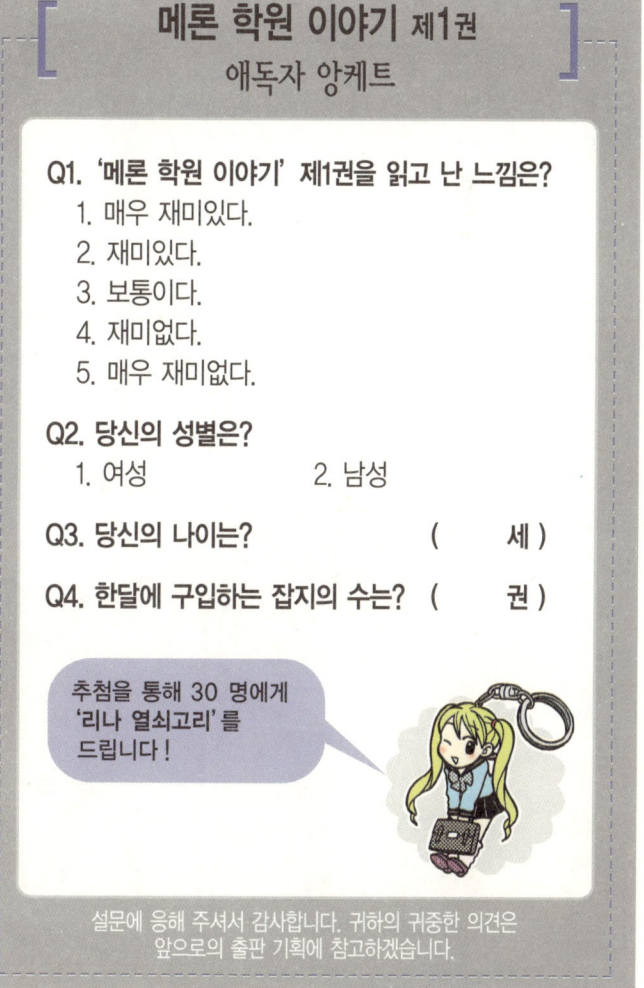

Chapter 01. 데이터 종류를 파악하자

독자의 답변을 통해 얻은 데이터

	Q1 읽고 난 감상	Q2 성별	Q3 나이	Q4 한달에 구입하는 잡지의 수
별이	매우 재미있다	여성	17세	2권
A씨	재미있다	여성	17세	1권
B씨	보통이다	남성	18세	5권
C씨	재미없다	남성	22세	7권
D씨	재미있다	여성	25세	4권
E씨	매우 재미없다	남성	20세	3권
F씨	매우 재미있다	여성	16세	1권
G씨	재미있다	여성	17세	2권
H씨	보통이다	남성	18세	0권
I씨	보통이다	여성	21세	3권

예를 들어 앙케트 결과가 이렇게 나왔다고 하자.

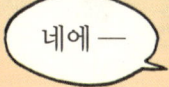

네에—

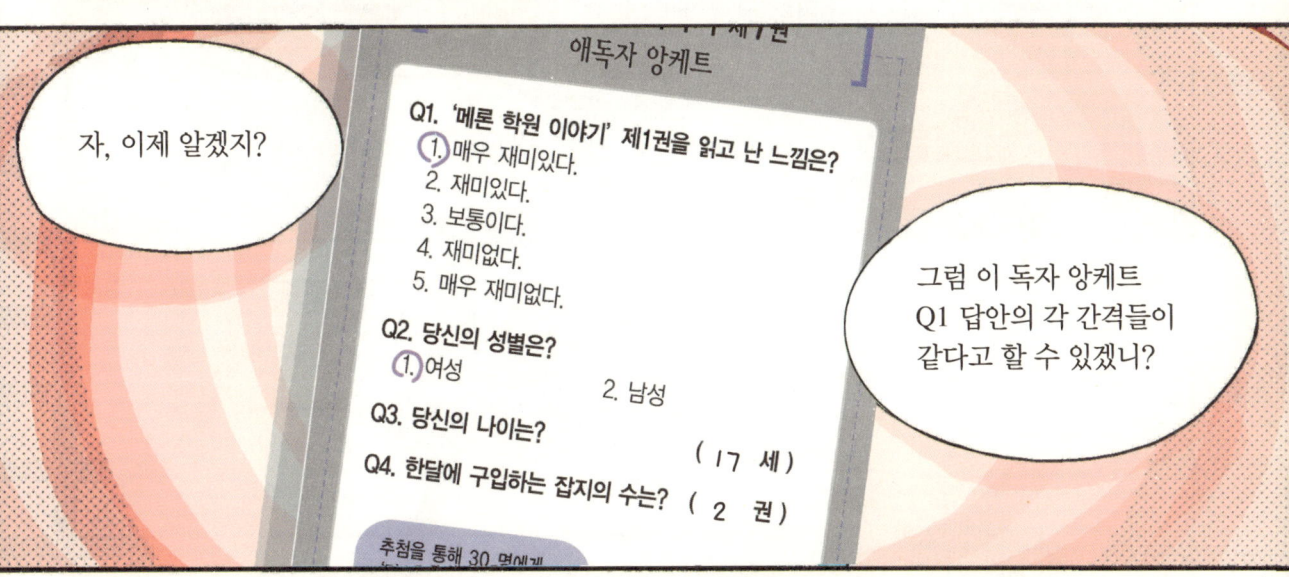

Chapter 01. 데이터 종류를 파악하자

03 실무에서 '매우 재미있다' ~ '매우 재미없다'의 취급방법

25쪽에서 설명했듯이, "Q1. '메론 학원이야기' 제1권을 읽고 난 느낌은?"은 카테고리 데이터이다. 그러나 소비자 앙케트와 같은 실무에서는 이를 수량 데이터로 보는 경우도 있다. 즉,

매우 재미있다.	⇨	5 점
재미있다.	⇨	4 점
보통이다.	⇨	3 점
재미없다.	⇨	2 점
매우 재미없다.	⇨	1 점

또는

매우 재미있다.	⇨	2 점
재미있다.	⇨	1 점
보통이다.	⇨	0 점
재미없다.	⇨	-1 점
매우 재미없다.	⇨	-2 점

등으로 해석하는 경우가 적지 않다.

이는 이론세계와 실무세계의 차이라 할 수 있다.

어쨌든 분야에 따라 데이터를 취급하는 방식이 달라질 수 있다는 데 유의하자.

예제와 해답

예제

다음 표를 보시오.

	혈액형	스포츠 음료 △에 대한 평가	본인이 느끼는 최적온도(℃)	100m 달리기 기록(초)
A씨	B	맛없다	25	14.1
B씨	A	맛있다	24	12.2
C씨	AB	맛있다	25	17.0
D씨	O	보통이다	27	15.6
E씨	A	맛없다	24	18.4
⋮	⋮	⋮	⋮	⋮

'혈액형', '스포츠 음료 △에 대한 평가', '본인이 느끼는 최적온도', '100m 달리기 기록'을 카테고리 데이터와 수량 데이터로 분류하시오.

해답

· **카테고리 데이터** : '혈액형', '스포츠 음료 △에 대한 평가'
· **수량 데이터**   : '본인이 느끼는 최적온도', '100m 달리기 기록'

정리

* 데이터는 **카테고리 데이터**와 **수량 데이터**로 분류할 수 있다.
* '매우 재미있다' ~ '매우 재미없다'의 경우 이론상으로는 카테고리 데이터이다. 다만, 실무에서는 수량 데이터로 취급하는 경우가 종종 있다.

Chapter 02
데이터의 전체적인 분위기를 파악하자
수량 데이터 편

01. 도수분포표와 히스토그램
02. 평균
03. 중앙값
04. 표준편차
05. 도수분포표에서 계급의 크기
06. 추측통계학과 기술(記述)통계학

"맛있는 라면 BEST 50"에 나와 있는 라면 가격

라면 가게	가격(원)	라면 가게	가격(원)
라면 가게 1	7,000원	라면 가게 26	7,800원
2	8,500원	27	5,900원
3	6,000원	28	6,500원
4	6,500원	29	5,800원
5	9,800원	30	7,500원
6	7,500원	31	8,000원
7	5,000원	32	5,500원
8	8,900원	33	7,500원
9	8,800원	34	7,000원
10	7,000원	35	6,000원
11	8,900원	36	8,000원
12	7,200원	37	8,000원
13	6,800원	38	8,800원
14	4,500원	39	7,900원
15	7,900원	40	7,900원
16	6,700원	41	7,800원
17	6,800원	42	6,000원
18	9,000원	43	6,700원
19	8,800원	44	6,800원
20	7,200원	45	6,500원
21	8,500원	46	8,900원
22	7,000원	47	9,300원
23	7,800원	48	6,500원
24	8,500원	49	7,770원
25	7,500원	50	7,000원

자, 가격을 표로 정리해 봤어.

자연스레 수업이 시작된 거군요…

특이한 사람이야

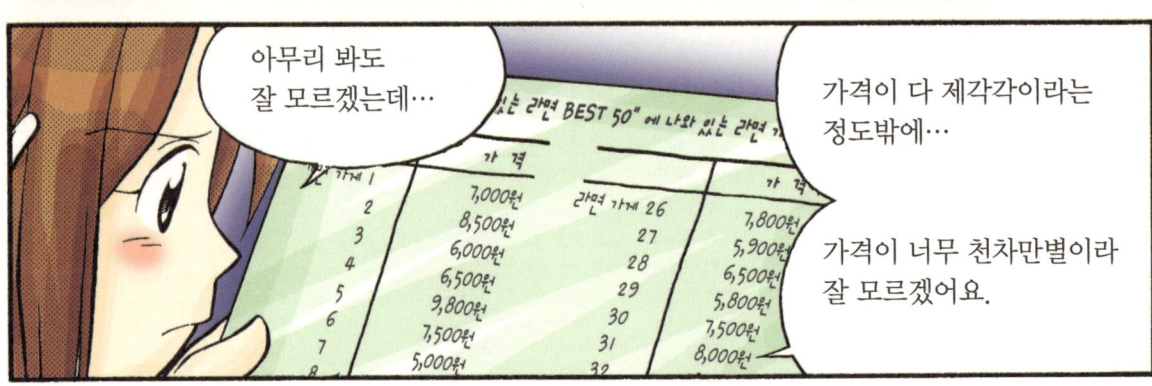

자아…

라면 가게 50개가 모여 있는 대형 라면 백화점을 상상해 보라고.

머—, 멋져요!!

← 엘리베이터걸

쓰윽

각각의 가게에는 라면이 1종류씩밖에 없어.

그리고 각 층은 라면 가격의 범위에 따라 구별되어 있지.

이렇게 구별해 놓는 걸 통계학에서는 '**계급**'이라고 해.

흐음.

층(계급)
이상~미만

5층
9,000~10,000원

| 5 | 18 | 47 |

4층
8,000~9,000원

| 37 | 38 | 46 | | | | | |
| 2 | 8 | 9 | 11 | 19 | 21 | 24 | 31 | 36 |

3층
7,000~8,000원

| 26 | 30 | 33 | 34 | 39 | 40 | 41 | 49 | 50 |
| 1 | 6 | 10 | 12 | 15 | 20 | 22 | 23 | 25 |

2층
6,000~7,000원

| 43 | 44 | 45 | 48 | | | |
| 3 | 4 | 13 | 14 | 16 | 17 | 28 | 35 | 42 |

1층
5,000~6,000원

| 7 | 27 | 29 | 32 |

Chapter 02. 데이터의 전체적인 분위기를 파악하자 (수량 데이터 편)

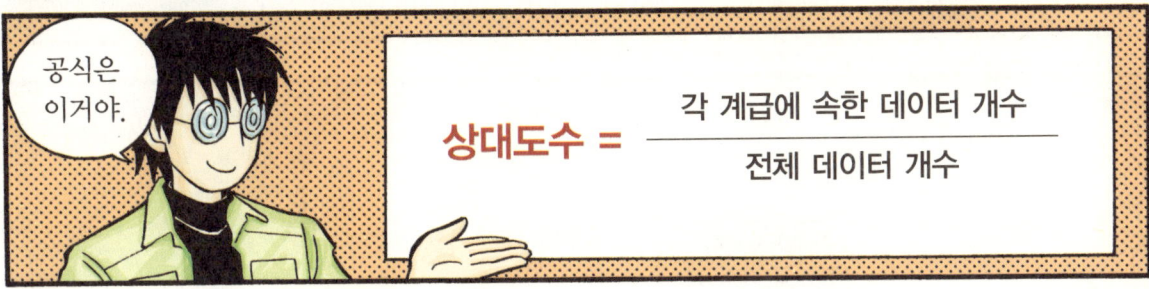

"맛있는 라면 BEST 50"의 도수분포표

계급	계급값	도수	상대도수
5,000 이상 ~ 6,000 미만	5,500	4	0.08
6,000 이상 ~ 7,000 미만	6,500	13	0.26
7,000 이상 ~ 8,000 미만	7,500	18	0.36
8,000 이상 ~ 9,000 미만	8,500	12	0.24
9,000 이상 ~ 10,000 미만	9,500	3	0.06
계		50	1.00

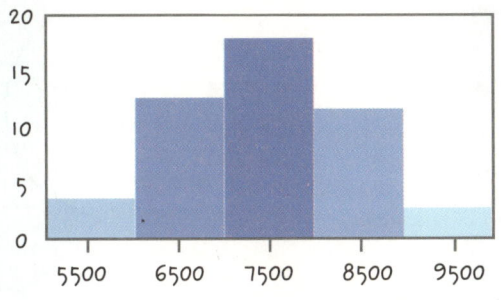
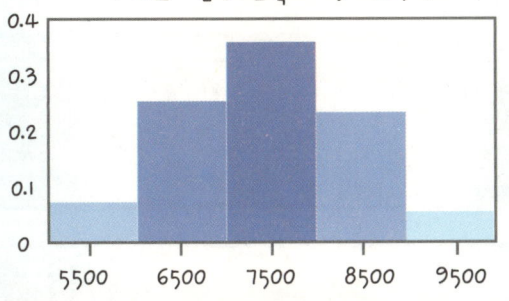

볼링대회 결과

A팀	점수	B팀	점수	C팀	점수
별이별이	86	동미	84	지현	229
준희	73	지아	71	경희	77
유미	124	하나	103	미옥	59
수지	111	몽실	85	진숙	95
다해	90	나미	90	가영	70
재희	38	아영	89	수진	88

오오! 이거 두고두고 얘깃거리가 되겠는걸.

여기 '별이별이'가 별이니?

네, 86점이요.

얼핏 보니 별이 점수는 A팀 평균 정도 되는군.

평균이란 각 팀원들이 획득한 점수의 차이가 없게 고르게 한 건데…. 무슨 말인지 알겠니?

알아요. 팀의 중간값 점수를 말하는 거잖아요.

계산해 봐서 내 점수가 평균보다 높으면 떡볶이 사줘야 해요!

모른척

그럼 평균을 계산해 볼까?

별이별이라고 부르지 마세요!

그럼 떡볶이 대신 유용한 정보를 배워봐.

아…, 아니…, 저기….

그게 뭔데요?

방금 설명한 '평균'은 엄밀히 말해 '산술평균' 또는 '상가평균'이라고 해.

그것 말고도 '기하평균'(='상승평균')과 '조화평균'이라는 게 있지. 지금은 그냥 그런 게 있다는 것만 알아둬. 공식은 신경 쓰지 말고 말이야.

기하평균
$$\sqrt[n]{x_1 \times x_2 \times \cdots \times x_n}$$

조화평균
$$\left(\dfrac{\frac{1}{x_1}+\frac{1}{x_2}+\cdots+\frac{1}{x_n}}{n}\right)$$

그럼 쓸데없는 정보네요.

이런

08 중앙값

다시 한 번 점수표를 보자.

왜요?

볼링대회 결과

A팀	점수	B팀	점수	C팀	점수
별이별이	86	동미	84	지현	229
준희	73	지아	71	경희	77
유미	124	하나	103	미옥	59
수지	111	몽실	85	진숙	95
다해	90	나미	90	가영	70
재희	38	아영	89	수진	88

A팀과 B팀은 제쳐두고, C팀의 평균을 볼 때…

팀원들이 획득한 점수의 '중간값'으로 보기에는 좀 너무한 것 같지 않니?

그러네요. 점수가 두 자리인 사람이 5명이나 있는데 평균은 100이 넘네요.

지현이 진짜 볼링 잘 하네~

이렇게 지나치게 크거나 작은 데이터가 있을 경우에는,

평균을 구하는 것보다 **중앙값**을 구하는 게 맞지.

중앙값?

44 만화로 쉽게 배우는 통계학

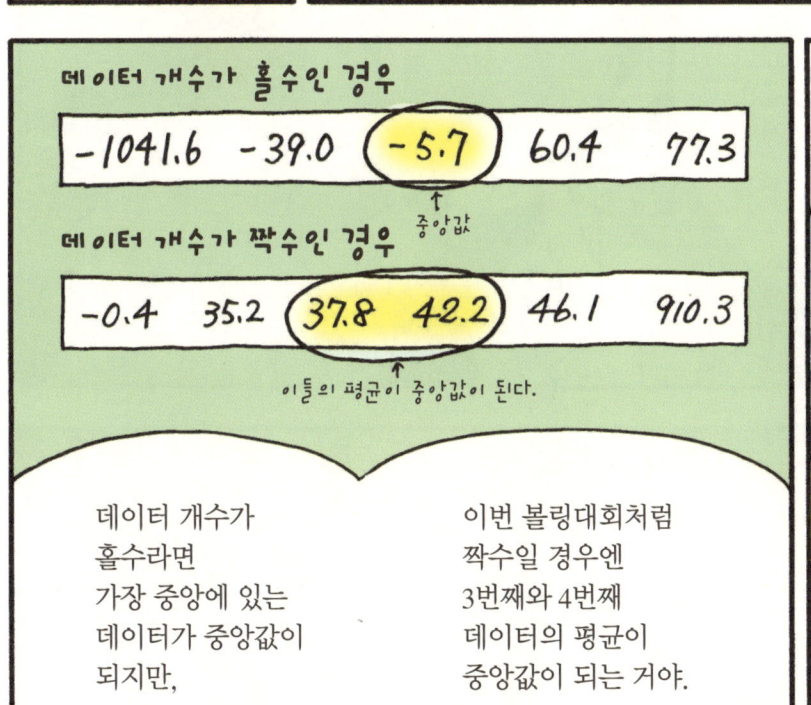

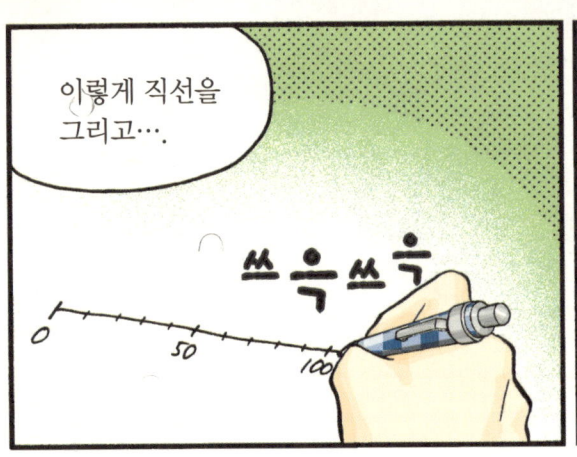

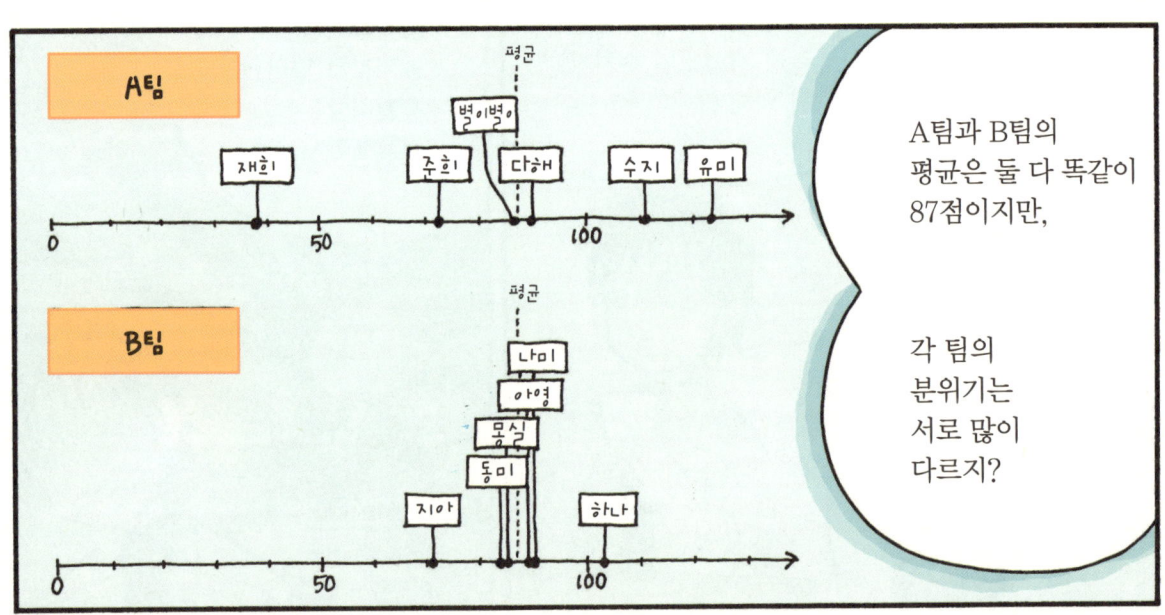

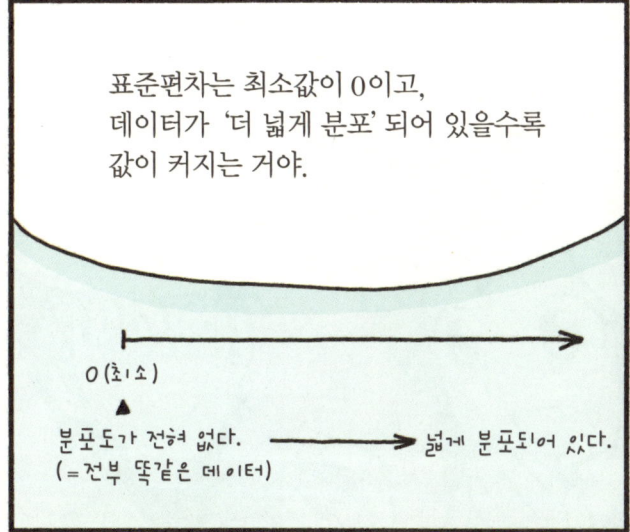

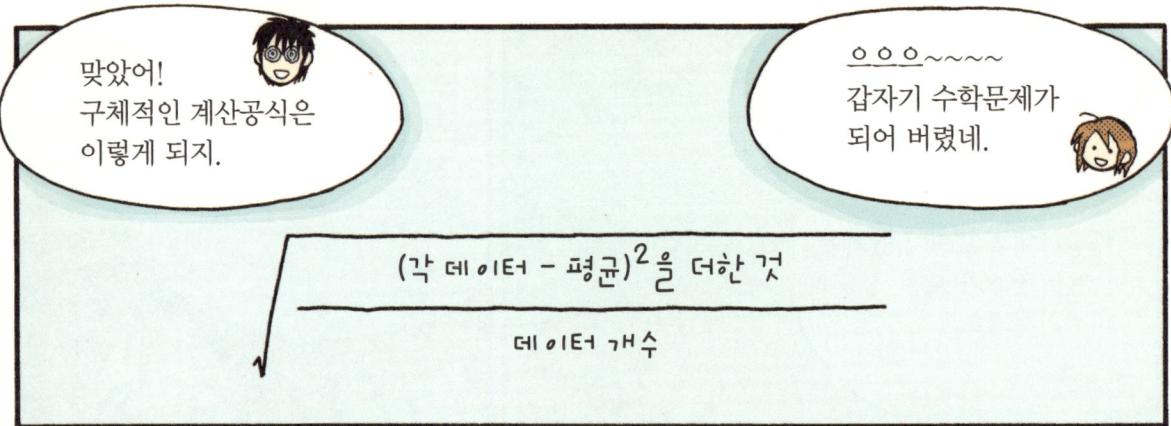

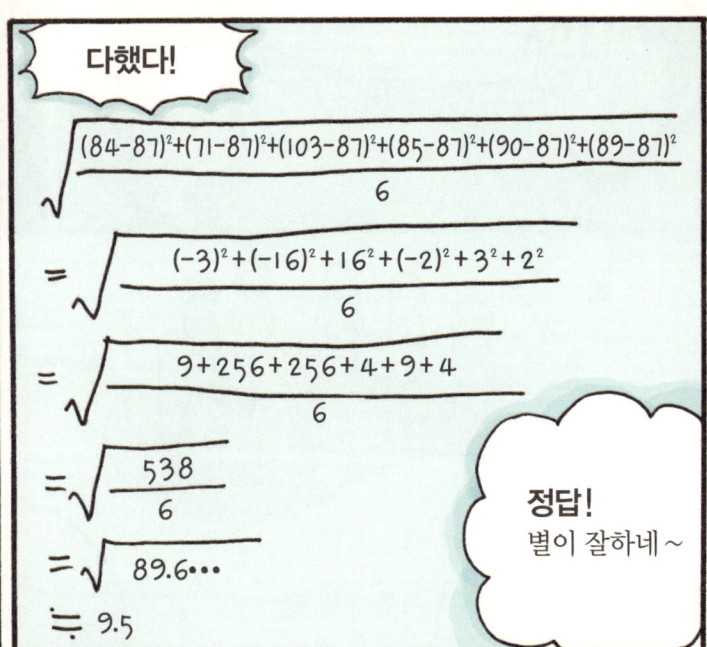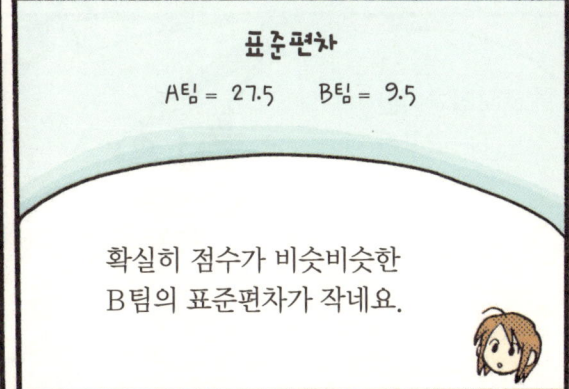

05 도수분포표에서 계급의 크기

'1. 도수분포표와 히스토그램'이 어딘가 정확하게 이해가 안 되는 사람이 있을 것 같아 아래에 38쪽의 표를 다시 실었다.

표 2.1 "맛있는 라면 BEST 50"의 도수분포표

계급	계급값	도수	상대도수
5000 이상 ~ 6000 미만	5500	4	0.08
6000 이상 ~ 7000 미만	6500	13	0.26
7000 이상 ~ 8000 미만	7500	18	0.36
8000 이상 ~ 9000 미만	8500	12	0.24
9000 이상 ~ 10000 미만	9500	3	0.06
계		50	1.00

위의 표에서 '계급의 크기'는 1000이다. 여기서 '1000'이라는 값은 수학적인 표준에 의해 산출된 숫자가 결코 아니다. 그저 나유식 군의 주관에 의해 결정된 수치일 뿐이다. 이처럼 '계급'의 폭을 어느 정도로 할 것인지는 분석자 자신이 판단해야 할 사항이다.

이 때 "주관적인 폭으로 도수분포표가 정해진다니, 말도 안 된다", "도저히 이해할 수 없다", "이 폭을 수학적으로 산출할 수 있는 방법은 없을까?"라고 의문을 갖는 사람이 있을지도 모르겠다. 그러나 방법이 있기는 하다. 그 순서는 다음과 같은데, 이를 표 2.1에 적용시키면 어떻게 될 것인지 나타내어 보겠다.

Step 1

계급의 개수는 다음과 같은 공식으로 구한다.

$$1 + \frac{\log_{10}(\text{데이터 개수})}{\log_{10}2}$$

그러므로

$$1 + \frac{\log_{10}50}{\log_{10}2} = 1 + 5.6438\cdots = 6.6438\cdots ≒ 7$$

Step 2

계급의 크기는 다음과 같은 공식으로 구한다.

$$\frac{(\text{데이터의 최대값}) - (\text{데이터의 최소값})}{\text{위의 공식에서 구한 계급의 개수}}$$

그러므로

$$\frac{9800 - 5000}{7} = \frac{4800}{7} = 685.714\cdots ≒ 686 ≒ 690$$

앞서 [Step 2]에서 구한 계급의 크기에 기초하여 도수분포표를 다시 작성하면 다음과 같다.

표 2.2 "맛있는 라면 BEST 50"의 도수분포표 (계급의 크기를 수학적으로 결정)

계급	계급값	도수	상대도수
5000 이상 ~ 5690 미만	5345	2	0.04
5690 이상 ~ 6380 미만	6035	5	0.10
6380 이상 ~ 7070 미만	6725	15	0.30
7070 이상 ~ 7760 미만	7415	6	0.12
7760 이상 ~ 8450 미만	8105	10	0.20
8450 이상 ~ 9140 미만	8795	10	0.20
9140 이상 ~ 9830 미만	9485	2	0.04
계		50	1.00

자, 어떤가? 표 2.1보다 이해하기 더 어려운 표가 완성되었다고 생각되지 않는가? 이 표를 보고 사람들은 "왜 690원 단위로 잘랐을까?"라고 고개를 갸우뚱거릴 것이다. 그 때 아무리 당신이 "이건 공식을 사용해서 산출한 것으로…"라고 설명해도, 사람들은 분명 "그따위 공식 알게 뭐야! 이해도 잘 안 되는데 왜 이렇게 단위를 애매하게 끊었을까?"라며 비아냥거릴 것이 분명하다.

그럼, 정리해 보자.

물론 계급의 크기를 주관적으로 결정하기가 어려운 사람도 있을 것이다. 그렇지만 위의 표에도 잘 나타나 있듯이, 계급의 크기를 수학적으로 결정한다 하더라도 결과적으로는 더더욱 애매모호해지는 경우가 적지 않다.

다시 처음으로 돌아가 보자. 본래 도수분포표란 어디까지나 데이터 전체의 "분위기"를 직감적으로 파악하기 위한 것이다. 따라서 분석자가 이상적이라고 판단한 값을 계급의 크기로 설정하면 그것만으로도 충분하다.

06 추측통계학과 기술(記述)통계학

앞에서 '통계학이란 표본이 되는 정보를 통해 모집단의 상황을 유추해 내는 학문'이라고 설명했지만, 사실 그 설명은 적절치 않다.

통계학은 크게 추측통계학과 기술(記述)통계학으로 분류된다. 앞에서 언급한 것은 바로 전자인 추측통계학이다. 그렇다면 후자인 기술통계학이란 무엇일까? 기술통계학이란, 데이터를 정리함으로써 집단의 상황을 가능한 한 간결하고 명확하게 나타내는 통계학을 말한다. 쉽게 말해 대상 집단을 모집단으로 보는 통계학이라고 생각하면 된다.

기술통계학에 대한 설명이 추상적이라서 잘 이해가 안 될지도 모르겠다. 그렇다면 예를 하나 들어 보자. 앞에서 나유식 군이 팀의 점수의 평균과 표준편차를 산출했다. 하지만 이것은 별이 팀의 정보로부터 모집단의 상황을 추측하기 위해서가 아니었다. 어디까지나 나유식 군이 별이 팀 자체의 상황을 간결하게 정리하고 싶었기 때문에 구한 자료였다. 이러한 통계학이 바로 기술통계학이다.

예제와 해답

다음 표는 여자고등학생 5명의 100m 달리기 기록이다. 물음에 답하시오.

학생	100m 달리기 기록 (초)
A	16.3
B	22.4
C	18.5
D	18.7
E	20.1

(1) 평균을 구하시오.
(2) 중앙값을 구하시오.
(3) 표준편차를 구하시오.

해답

(1) 평균은 $\dfrac{16.3+22.4+18.5+18.7+20.1}{5} = \dfrac{96}{5} = 19.2$(초)이다.

(2) 중앙값은 18.7초이다.

| 16.3 | 18.5 | 18.7 | 20.1 | 22.4 |

(3) 표준편차는

$$\sqrt{\dfrac{(16.3-19.2)^2+(22.4-19.2)^2+(18.5-19.2)^2+(18.7-19.2)^2+(20.1-19.2)^2}{5}}$$

$$=\sqrt{\dfrac{(-2.9)^2+3.2^2+(-0.7)^2+(-0.5)^2+0.9^2}{5}}$$

$$=\sqrt{\dfrac{8.41+10.24+0.49+0.25+0.81}{5}}$$

$$=\sqrt{\dfrac{20.2}{5}}$$

$$=\sqrt{4.04}$$

$$≒ 2.01(초)이다.$$

정리

- 데이터 전체의 분위기를 '직감적'으로 파악하는 방법으로, 도수분포표 작성과 히스토그램 작성을 들 수 있다.
- 도수분포표의 계급의 크기를 정하는 공식이 따로 존재한다.
- 데이터 전체의 분위기를 '수학적'으로 파악하는 방법으로 평균, 중앙값, 표준편차의 산출을 들 수 있다.
- 수치가 지나치게 크거나 지나치게 작은 데이터가 섞여 있을 경우에는 평균보다 중앙값을 산출하는 편이 타당하다.
- 표준편차는 데이터의 '분포 정도'를 나타내는 지표이다.

Chapter 03 데이터의 전체적인 분위기를 파악하자

카테고리 데이터 편

01. 단순집계표

체크무늬 교복이네. 특이하군

짜~잔. 이거예요.

우리 반에서 이 교복의 선호도에 대한 앙케트 조사를 했어요.

결과는 바로 이것!

새로운 교복 디자인에 대한 앙케트 조사

번호	새로운 교복의 선호도	번호	새로운 교복의 선호도	번호	새로운 교복의 선호도
1	좋다.	16	보통이다.	31	보통이다.
2	보통이다.	17	좋다.	32	보통이다.
3	좋다.	18	좋다.	33	좋다.
4	보통이다.	19	좋다.	34	싫다.
5	싫다.	20	좋다.	35	좋다.
6	좋다.	21	좋다.	36	좋다.
7	좋다.	22	좋다.	37	좋다.
8	좋다.	23	싫다.	38	좋다.
9	좋다.	24	보통이다.	39	보통이다.
10	좋다.	25	좋다.	40	좋다.
11	좋다.	26	좋다.		
12	좋다.	27	싫다.		
13	보통이다.	28	좋다.		
14	좋다.	29	좋다.		
15	좋다.	30	좋다.		

오오! 이 앙케트는 카테고리 데이터군!

'좋다', '싫다'는 건 "측정 불가" 데이터니까요.

Chapter 03. 데이터의 전체적인 분위기를 파악하자 (카테고리 데이터 편)

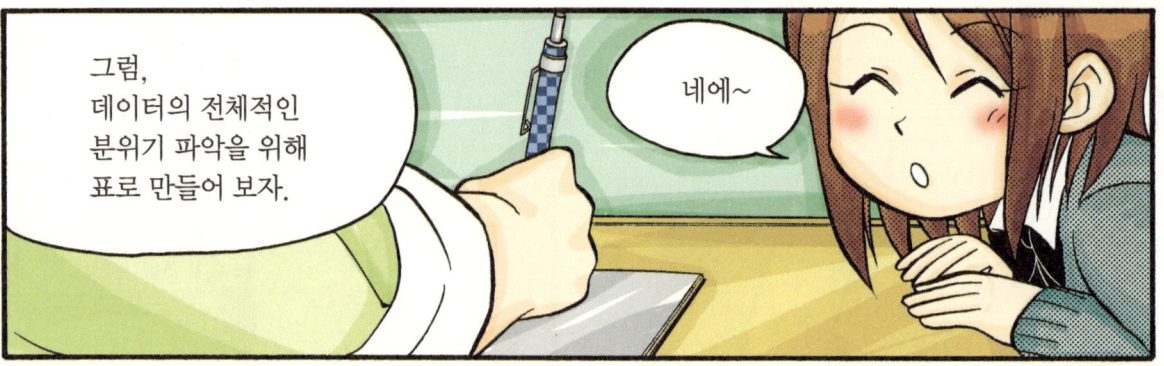

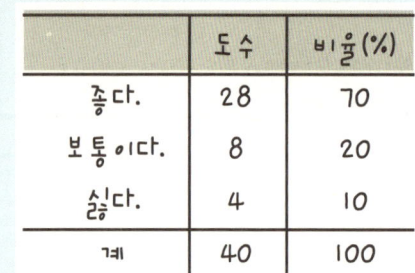

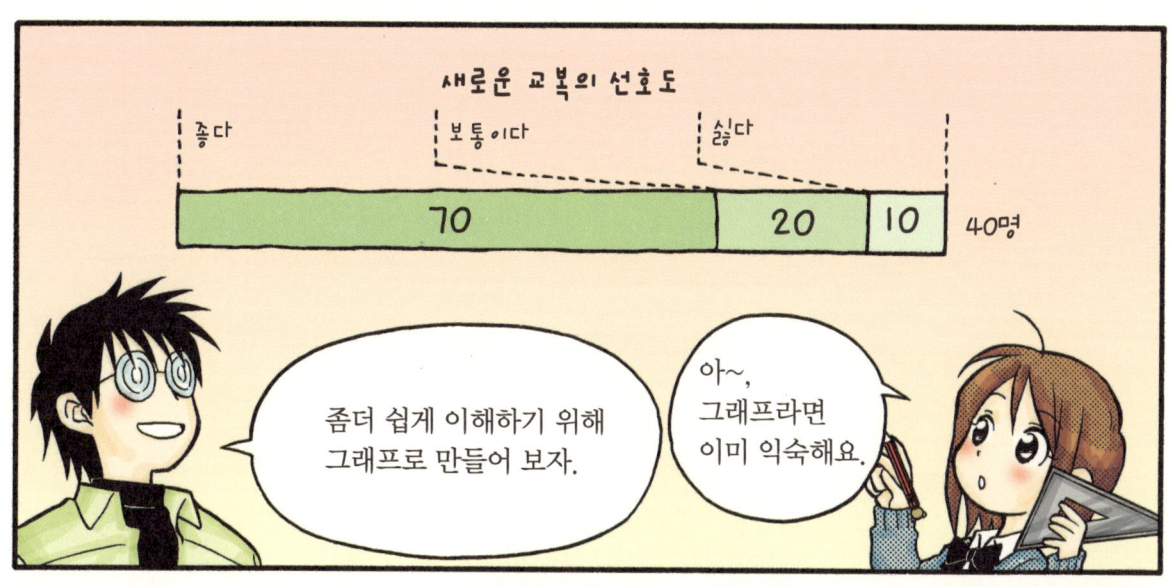

예제와 해답

예제

신문사에서 차기 정권을 노리고 있는 △△당에 대한 앙케트 조사를 실시하였다. 그 결과는 다음의 표와 같다.

	○○당에 비해 △△당은…
응답자 1	믿음이 가지 않는다.
응답자 2	믿음이 가지 않는다.
응답자 3	믿음이 가지 않는다.
응답자 4	어느 쪽도 아니다.
응답자 5	믿음이 간다.
응답자 6	믿음이 가지 않는다.
응답자 7	믿음이 간다.
응답자 8	어느 쪽도 아니다.
응답자 9	믿음이 가지 않는다.
응답자 10	믿음이 가지 않는다.

이 앙케트 결과를 바탕으로 '단순집계표'를 작성하시오.

해답

'단순집계표'는 다음과 같다.

	도수	비율(%)
믿음이 간다.	2	20
어느 쪽도 아니다.	2	20
믿음이 가지 않는다.	6	60
계	10	100

정리

- 데이터의 전체적인 분위기를 파악하는 방법으로 '단순집계표' 작성을 들 수 있다.

Chapter 04
표준값과 편차값

01. 표준화와 표준값
02. 표준값의 특징
03. 편차값
04. 편차값의 해석

시험 결과(100점 만점)

	영어	국어		영어	국어
별이	90	71	H	67	85
유미	81	90	I	87	93
A	73	79	J	78	89
B	97	70	K	85	78
C	85	67	L	96	74
D	60	66	M	77	65
E	74	60	N	100	78
F	64	83	O	92	53
G	72	57	P	86	80

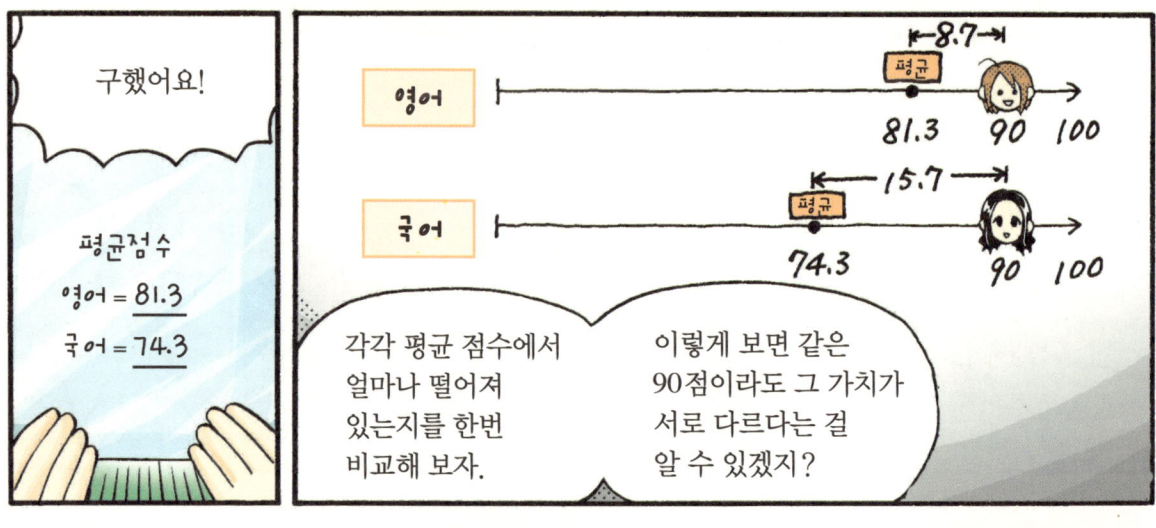

	국사	생물
별이	73	59
유미	61	73
A	14	47
B	41	38
C	49	63
D	87	56
E	69	15
F	65	53
G	36	80

	국사	생물
H	7	50
I	53	41
J	100	62
K	57	44
L	45	26
M	56	91
N	34	35
O	37	53
P	70	68
평균	53	53

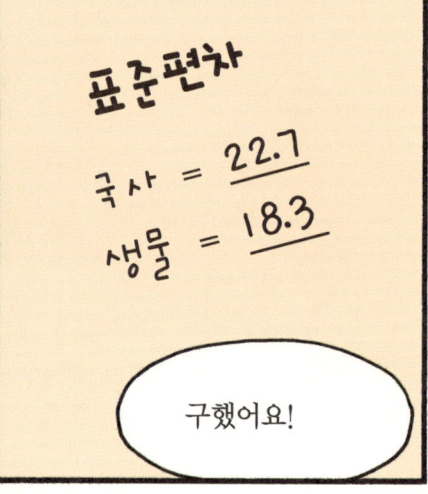
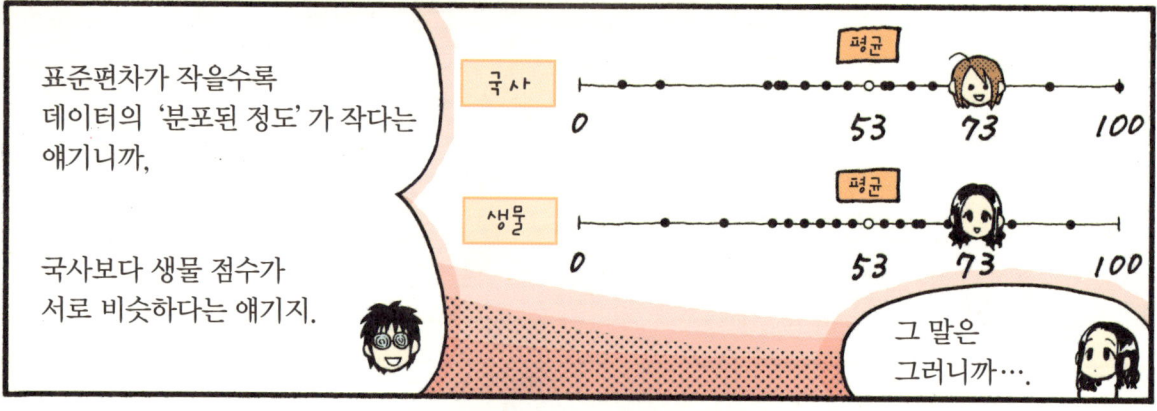

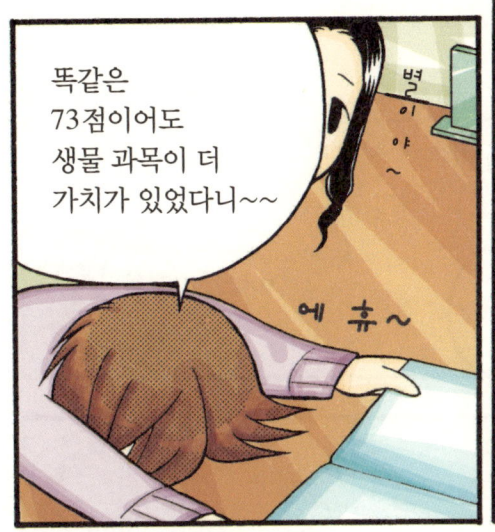

Chapter 04. 표준값과 편차값

표준화의 방식은 다음과 같아!

$$\frac{(각\ 데이터) - (평균)}{표준편차} = 표준값$$

표준화된 데이터는 **"표준값"** 이라고 하지.

아~

그럼, 좀 전의 시험 데이터를 가지고 실제로 계산해 보자.

오~

국사와 생물 시험의 결과와 그 기준치

	국사	생물	국사 표준값	생물 표준값
별이	73	59	0.88	0.33
유미	61	73	0.35	1.09
A	14	47	-1.71	-0.33
B	41	38	-0.53	-0.82
C	49	63	-0.18	0.55
D	87	56	1.49	0.16
E	69	15	0.70	-2.08
F	65	53	0.53	0
G	36	80	-0.75	1.48
H	7	50	-2.02	-0.16
I	53	41	0	-0.66
J	100	62	2.07	0.49
K	57	44	0.18	-0.49
L	45	26	-0.35	-1.48
M	56	91	0.13	2.08
N	34	35	-0.84	-0.98
O	37	53	-0.70	0
P	70	68	0.75	0.82
평균	53	53	0	0
표준편차	22.7	18.3	1	1

이렇게 되는 군요.

별이의 국사 표준값 $\dfrac{73-53}{22.7} = \dfrac{20}{22.7} = 0.88$

유미의 생물 표준값 $\dfrac{73-53}{18.3} = \dfrac{20}{18.3} = 1.09$

03 편차값

그리고 편차값은 표준값을 응용한 거라 할 수 있지.

오호—

구하는 공식은 다음과 같아.

$$편차값 = 표준값 \times 10 + 50$$

정말이네— 표준값이 공식에 들어가 있어.

그럼, 두 사람의 시험결과의 편차값을 산출해 보자.

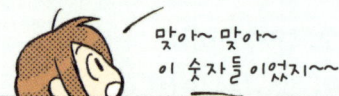

별이 (국사) $0.88 \times 10 + 50 = 8.8 + 50 = 58.8$

유미 (생물) $1.09 \times 10 + 50 = 10.9 + 50 = 60.9$

맞아~ 맞아~ 이 숫자들이었지~

특징은 다음과 같아.

표준값
① 만점에 관한 기준은 달라지더라도 그 표준값의 평균은 반드시 0, 표준편차는 반드시 1이다.
② 어떤 단위의 변수라도 그 표준값의 평균은 반드시 0, 표준편차는 반드시 1이다.

편차값
① 만점에 관한 기준이 달라지더라도 그 편차값의 평균은 반드시 50, 표준편차는 반드시 10이다.
② 어떤 단위의 변수라도 그 편차값의 평균은 반드시 50, 표준편차는 반드시 10이다.

04 편차값의 해석

편차값을 해석할 때에는 주의해야 한다. 74쪽에서 설명한 것처럼, 편차값은 다음의 공식으로 계산한다.

$$편차값 = 표준값 \times 10 + 50 = \frac{각\ 데이터 - 평균}{표준편차} \times 10 + 50$$

그런데 별이네 반 학생 수는 61쪽에 나온 것처럼 모두 40명이다. 또한 별이네 반 여학생 수는 40쪽에 나온 것처럼 모두 18명이다. 69쪽에서 설명한 편차값의 예는 별이네 반 학생 전체가 아니라 여학생만을 대상으로 하였다. 하지만 만일 반 학생 전체를 대상으로 했다면 평균과 표준편차의 수치도 여학생들만을 대상으로 한 수치와는 달라질 것이다. 그에 따라 틀림없이 별이와 유미의 편차값도 달라졌을 것이다. 실제로, 반 학생들 전체를 대상으로 한 경우의 편차값은 별이 쪽이 더 높다. 반 학생 전체의 시험결과를 표 4.1에 나타냈다. 이를 바탕으로 편차값을 계산해 보자. 미리 말하자면, 별이의 국사 점수의 편차값은 59.1점, 유미의 생물 점수의 편차값은 56.7점이다.

다른 예를 들어보겠다. 2학년 1반과 2학년 2반이 똑같은 시험을 보았다고 하자. 1반은 1반 학생들의 점수만으로 평균과 표준편차를 구하고, 2반은 2반 학생들의 점수만으로 평균과 표준편차를 구해, 그것을 바탕으로 편차값을 산출했다. 이 때, 1반의 A학생의 편차값은 57점, 2반의 B학생의 편차값도 57점이다. 언뜻 보면 두 사람은 똑같은 정도의 실력을 지닌 것처럼 생각하기 쉽지만, 사실은 그렇지 않다. 일반적으로 평균과 표준편차를 구한 범위가 서로 다르기 때문에, 1반과 2반의 평균과 표준편차가 똑같지 않은 이상 두 사람의 편차값은 서로 비교할 수 없다.

또 다른 예를 들어보겠다. A학생은 4월에 한 학원에서 모의고사를 보았다. 편차값은 54점이었다. 그리고 그 해 여름 강좌에서 열심히 공부한 A학생은 어느 정도 실력이 늘었는지 확인하기 위해 4월에 시험을 보았던 학원이 아닌 또 다른 학원에서 9월에 다시 시험을 보았다. 편차값은 62점이었다. 이 때 언뜻 보면 A의 실력이 향상된 것처럼 생각하기 쉽다. 하지만 사실은 그렇지 않다. 4월과 9월, 시험의 주최 측이 각기 다르므로 이에 따라 각 시험의 응시자 구성도 달라졌을 것이다. 따라서 4월과 9월의 평균과 표준편차가 다르므로 쌍방의 편차값은 비교할 수 없다.

어떠한가? 이렇게 편차값의 해석은 실로 오묘한 일이 아닐 수 없다.

표 4.1 국사와 생물의 시험 결과 (별이네 반 학생 전원)

여학생 전원		국사	생물
	별이	73	59
	유미	61	73
	A	14	47
	B	41	38
	C	49	63
	D	87	56
	E	69	15
	F	65	53
	G	36	80
	H	7	50
	I	53	41
	J	100	62
	K	57	44
	L	45	26
	M	56	91
	N	34	35
	O	37	53
	P	70	68

남학생 전원		국사	생물
	a	54	2
	b	93	7
	c	91	98
	d	37	85
	e	44	100
	f	16	29
	g	12	57
	h	44	37
	i	4	95
	j	17	39
	k	66	70
	l	53	14
	m	14	97
	n	73	39
	o	6	75
	p	22	80
	q	69	77
	r	95	14
	s	16	24
	t	37	91
	u	14	36
	v	88	76
반 전체의 평균		48.0	54.9
반 전체의 표준편차		27.5	26.9

예제와 해답

다음의 표는 여자고등학생 5명의 100m 달리기 기록이다. 물음에 답하시오.

학생	100m 달리기 기록(초)
A	16.3
B	22.4
C	18.5
D	18.7
E	20.1
평균	19.2
표준편차	2.01

(1) 100m 달리기의 표준값의 평균이 0임을 보이시오.
(2) 100m 달리기의 표준값의 표준편차가 1임을 보이시오.

> **해 답**

(1) 100m 달리기의 표준값의 평균

$$= \frac{\left(\frac{16.3-19.2}{2.01}\right) + \left(\frac{22.4-19.2}{2.01}\right) + \left(\frac{18.5-19.2}{2.01}\right) + \left(\frac{18.7-19.2}{2.01}\right) + \left(\frac{20.1-19.2}{2.01}\right)}{5}$$

$$= \frac{\left\{\frac{(16.3-19.2)+(22.4-19.2)+(18.5-19.2)+(18.7+19.2)+(20.1-19.2)}{2.01}\right\}}{5}$$ ← 분자를 정리했다.

$$= \frac{\left\{\frac{16.3+22.4+18.5+18.7+20.1-19.2-19.2-19.2-19.2-19.2}{2.01}\right\}}{5}$$ ← 각 데이터 와 -19.2로 분자를 각각 분류했다.

$$= \frac{\left\{\frac{96-19.2\times 5}{2.01}\right\}}{5}$$

$$= \frac{\left\{\frac{96-96}{2.01}\right\}}{5}$$

$$= \frac{0}{5}$$

$$= 0$$

(2) 100m 달리기의 표준값의 표준편차

$$= \sqrt{\frac{\left(\frac{16.3-19.2}{2.01}-0\right)^2 + \left(\frac{22.4-19.2}{2.01}-0\right)^2 + \left(\frac{18.5-19.2}{2.01}-0\right)^2 + \left(\frac{18.7-19.2}{2.01}-0\right)^2 + \left(\frac{20.1-19.2}{2.01}-0\right)^2}{5}}$$

$$= \sqrt{\frac{\left(\frac{16.3-19.2}{2.01}\right)^2 + \left(\frac{22.4-19.2}{2.01}\right)^2 + \left(\frac{18.5-19.2}{2.01}\right)^2 + \left(\frac{18.7-19.2}{2.01}\right)^2 + \left(\frac{20.1-19.2}{2.01}\right)^2}{5}}$$

$$= \sqrt{\frac{\frac{(16.3-19.2)^2+(22.4-19.2)^2+(18.5-19.2)^2+(18.7-19.2)^2+(20.1-19.2)^2}{2.01^2}}{5}}$$ ← 분자를 정리했다.

$$= \sqrt{\frac{1}{2.01^2} \times \frac{(16.3-19.2)^2+(22.4-19.2)^2+(18.5-19.2)^2+(18.7-19.2)^2+(20.1-19.2)^2}{5}}$$ ← 분자를 정리했다.

$$= \frac{1}{2.01} \times \sqrt{\frac{(16.3-19.2)^2+(22.4-19.2)^2+(18.5-19.2)^2+(18.7-19.2)^2+(20.1-19.2)^2}{5}}$$

$$= \frac{1}{\text{「100m 달리기」의 표준편차}} \times \text{「100m 달리기」의 표준편차}$$ ← 78쪽의 표를 참조할 것.

$$= 1$$

정리

◆ 표준화는 평균에서 떨어진 정도나 데이터의 분포 정도를 기반으로 데이터의 가치를 좀더 쉽게 검토할 수 있게 해 주는 변환이다.
◆ 표준화를 실시하면

- 만점이 서로 다른 변수의 비교
- 단위가 서로 다른 변수의 비교

가 가능해진다.
◆ 표준화된 데이터를 표준값이라고 한다.
◆ 편차값은 표준값을 응용한 값이다.

Chapter 05 확률을 구하자

01. 확률밀도함수
02. 정규분포
03. 표준정규분포
04. 카이제곱분포
05. t 분포
06. F 분포
07. '××분포'와 Excel

01 확률밀도함수

오늘은 그 '××확률'을 구하는 데 필요한 공부를 해보자.

통계학에서는 "××확률은 0.05보다 작다."라는 식으로 확률에 대한 얘기를 많이 하지.

유식 오빠, 꽤 괜찮지 않니?

뭐가 괜찮다는 거야. 미남 오빠랑은 비교가 안 되지….

별이야?

아, 죄송해요! 확률이라면 일기예보에서 말하는 그 확률 말인가요?

오늘 공부할 내용은 좀 추상적이란다.

그래. 하지만 통계학에서 자주 쓰이는 것들이니까 열심히 공부해야 한단다.

바로 그거야!

네, 네에—

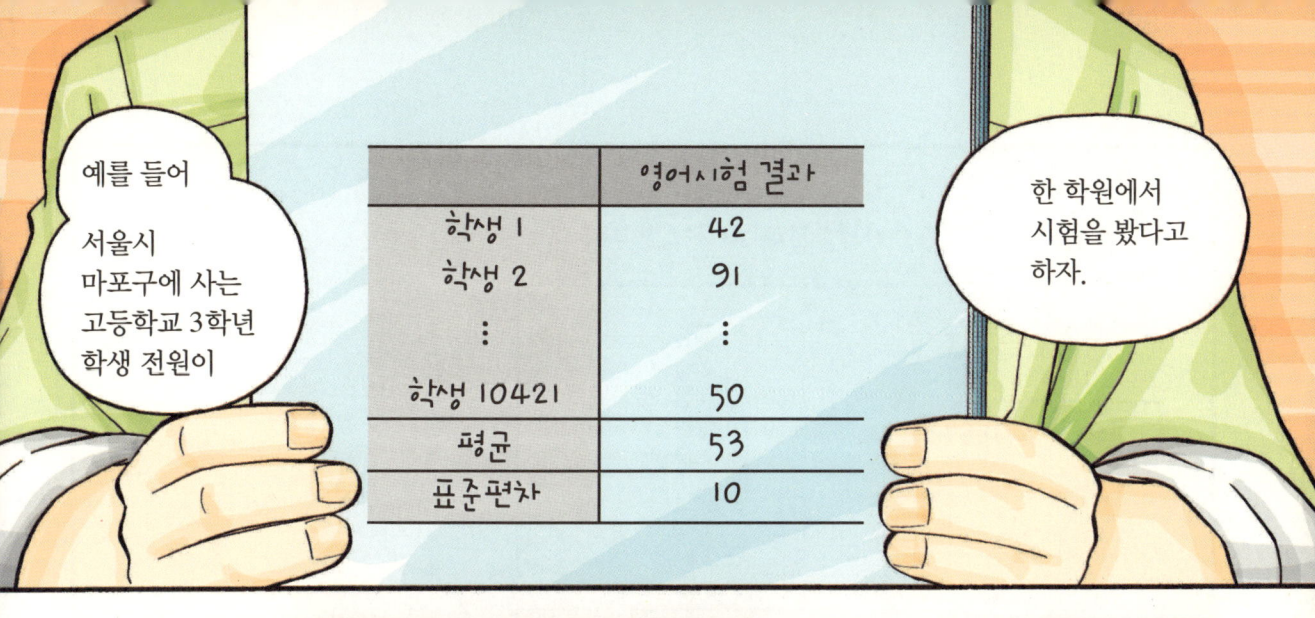

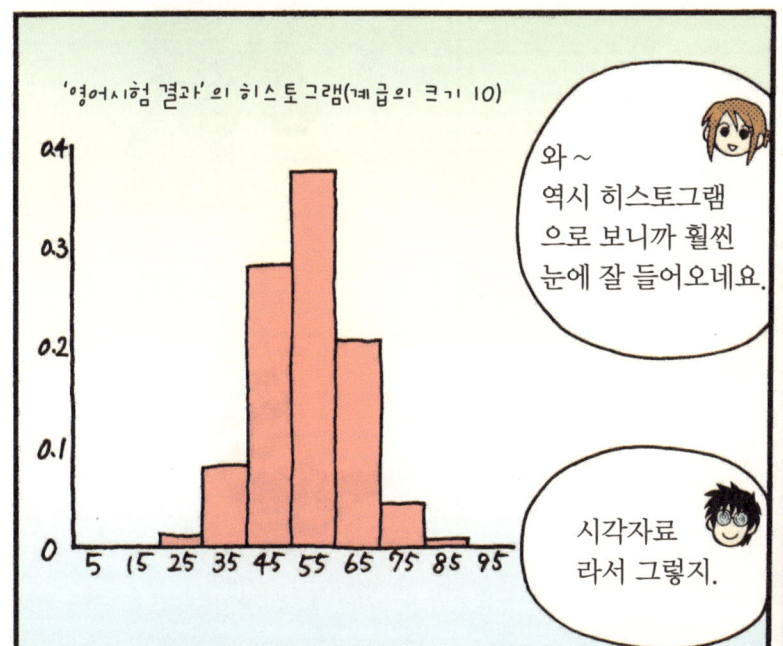

Chapter 05. 확률을 구하자

02 정규분포

$$f(x) = \frac{1}{\sqrt{2\pi} \times x의\ 표준편차} e^{-\frac{1}{2}\left(\frac{x - x의\ 평균}{x의\ 표준편차}\right)^2}$$

자, 이거.

이게 대체 뭐예요~!?

통계학에 자주 등장하는 확률밀도함수란다.

여기 "e"가 도대체 뭐냐고요~

"e"는 '초월수'라고도 하며, 그 값은 2.7182……로 무리수이지.

말하자면 "π"와 같은 종류의 수라고 생각하면 돼.

조금 이해가 되는 것도 같고…

으~

이 확률밀도함수의 그래프는

- 평균을 중심으로 좌우대칭이다.
- 평균과 표준편차의 영향을 받는다.

라는 특징이 있지.

■ 평균이 53, 표준편차가 15일 경우

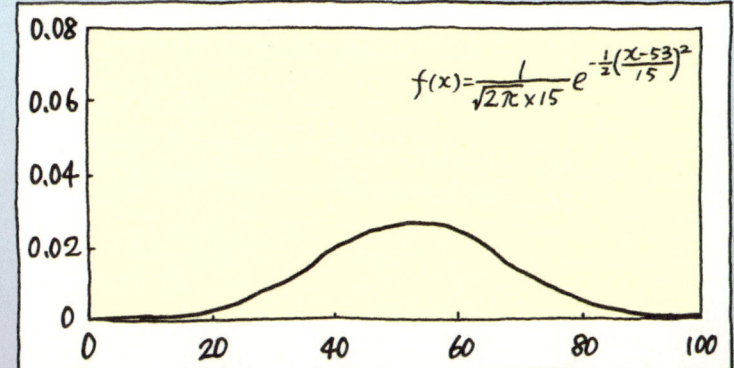

$$f(x) = \frac{1}{\sqrt{2\pi} \times 15} e^{-\frac{1}{2}\left(\frac{x-53}{15}\right)^2}$$

■ 평균이 53, 표준편차가 5일 경우

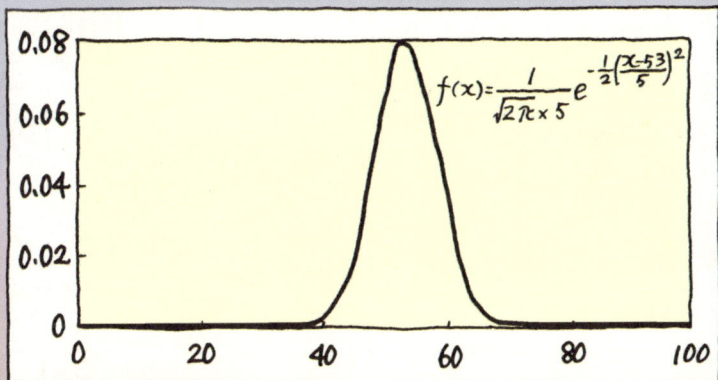

$$f(x) = \frac{1}{\sqrt{2\pi} \times 5} e^{-\frac{1}{2}\left(\frac{x-53}{5}\right)^2}$$

■ 평균이 30, 표준편차가 5일 경우

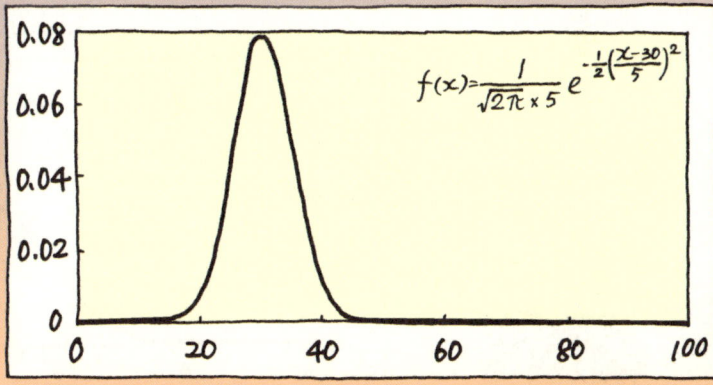

$$f(x) = \frac{1}{\sqrt{2\pi} \times 5} e^{-\frac{1}{2}\left(\frac{x-30}{5}\right)^2}$$

Chapter 05. 확률을 구하자

이를 표현하는 데에도 특별한 방식이 있으니 잘 듣도록!

x의 확률밀도함수

$$f(x) = \frac{1}{\sqrt{2\pi} \times x\text{의 표준편차}} e^{-\frac{1}{2}\left(\frac{x - x\text{의 평균}}{x\text{의 표준편차}}\right)^2}$$

일 때, 통계학에서는 이를 **"x는 평균이 ○○이고 표준편차가 ××인 정규분포를 따른다"** 라고 표현한다!

뭐예요, 그게~!!

정규분포를 따~른~다~~~!?

무슨 말인지 모르겠어요.

뭐… 좀 독특한 표현이긴 한데, 그냥 그렇다고만 알아둬.

아까 그 시험 결과를 예로 들어볼게.

만일 '영어시험 결과'의 확률밀도함수가 오른쪽과 같다면……

평균 53, 표준편차 10인 정규분포

$$f(x) = \frac{1}{\sqrt{2\pi} \times 10} e^{-\frac{1}{2}\left(\frac{x-53}{10}\right)^2}$$

03 표준정규분포

x의 확률밀도함수가

$$f(x) = \frac{1}{\sqrt{2\pi} \times x\text{의 표준편차}} e^{-\frac{1}{2}\left(\frac{x - x\text{의 평균}}{x\text{의 표준편차}}\right)^2} = \frac{1}{\sqrt{2\pi} \times 1} e^{-\frac{1}{2}\left(\frac{x - 0}{1}\right)^2} = \frac{1}{\sqrt{2\pi}} e^{-\frac{1}{2}x^2}$$

일 때, 통계학에서 "x는 평균이 0이고, 표준편차가 1인 정규분포를 따른다."고 하지 않고, **"x는 표준정규분포를 따른다."**라고 표현한다!

	영어시험 결과	영어시험 결과 (표준화 후)
학생 1	42	-1.1
학생 2	91	3.8
⋮	⋮	⋮
학생 10421	50	-0.3
평균	53	0
표준편차	10	1

$$\frac{각\ 데이터 - 평균}{표준편차} = \frac{50-53}{10} = \frac{-3}{10} = -0.3$$

이렇게 볼 때 표준화 후의 '영어시험 결과'는…

표준정규분포표

z	0.00	0.01	0.02	0.03	0.04	0.05	0.06	0.07	0.08	0.09
0.0	0.0000	0.0040	0.0080	0.0120	0.0160	0.0199	0.0239	0.0279	0.0319	0.0359
	0.0398	0.0438	0.0478	0.0517	0.0557	0.0596	0.0636	0.0675	0.0714	0.0753
	0.0793	0.0832	0.0871	0.0910	0.0948	0.0987	0.1026	0.1064	0.1103	0.1141
⋮	⋮	⋮	⋮	⋮	⋮	⋮	⋮	⋮	⋮	⋮
	0.4641	0.4649	0.4656	0.4664	0.4671	0.4678	0.4686	0.4693	0.4699	0.4706
	0.4713	0.4719	0.4726	0.4732	0.4738	0.4744	0.4750	0.4756	0.4761	0.4767
⋮	⋮	⋮	⋮	⋮	⋮	⋮	⋮	⋮	⋮	⋮

별이야! 이 표는…

이 부분의 넓이를 나타낸 표야!

네?
넓이?
그게 무슨 말이에요?

오오—

살아남!

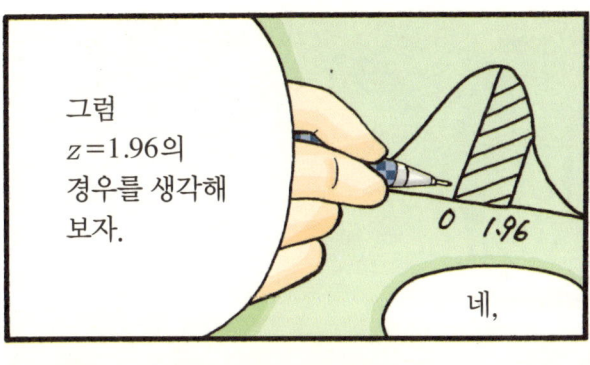
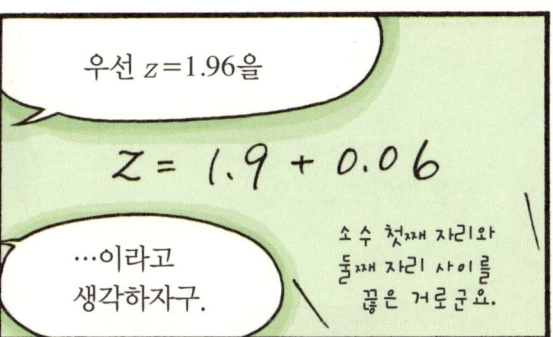

예 1

B동네에 사는 고등학교 1학년 학생 전원이 한 학원에서 수학시험을 봤어. 채점 결과, 수학점수는 평균이 45점이고 표준편차가 10점인 정규분포를 따른다는 사실이 밝혀졌어.
여기서 잘 생각해야 해. 다음에 제시하고 있는 5개 문장은 모두 같은 뜻이거든.

① 평균이 45점이고 표준편차가 10점인 정규분포에서, 다음 그림에 표시된 부분의 넓이는 0.5 이다.

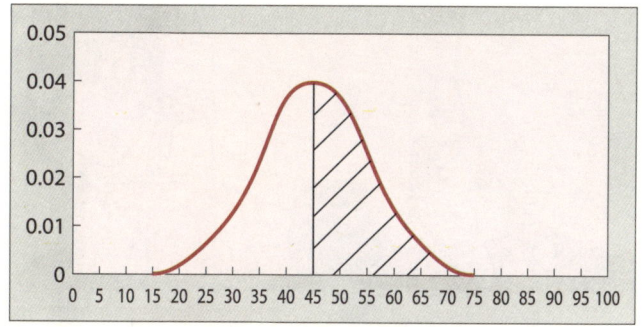

② 수학점수가 45점 이상인 학생의 비율은 응시생 전원의 0.5(=50%)를 차지한다.
③ 응시생 중에서 무작위로 1명을 뽑았을 때, 그 학생의 수학점수가 45점 이상일 확률은 0.5(=50%)이다.
④ 수학 점수를 표준화한 표준정규분포에서

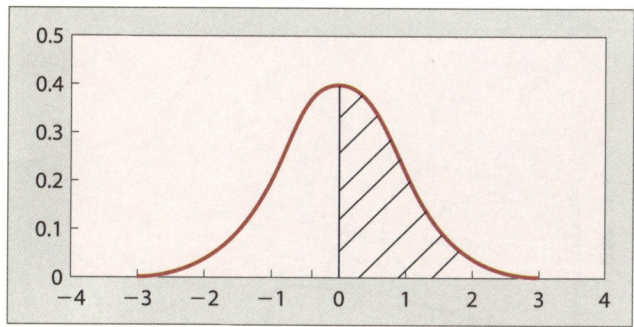

0 이상인 학생의 비율은 응시생 전원의 0.5(=50%)를 차지한다.
⑤ 응시생 중에서 무작위로 1명을 뽑았다고 하자. 수학점수를 표준화한 표준정규분포에서 그 학생이 0 이상일 확률은 0.5(=50%)이다.

예 2

B마을에 사는 고등학교 1학년 학생 전원이 한 학원에서 수학시험을 봤어. 채점 결과, 수학점수는 평균이 45점이고 표준편차가 10점인 정규분포를 따른다는 사실이 밝혀졌어.
여기서 잘 생각해야 해. 다음에 제시하고 있는 5개 문장은 모두 같은 뜻이거든. 일단 ④번을 먼저 읽기 바래.

① 평균이 45이고 표준편차가 10인 정규분포에서, 다음 그림에 표시된 부분의 넓이는 $0.5 - 0.4641 = 0.0359$이다.

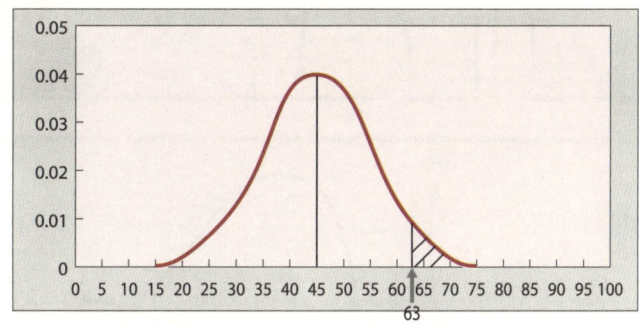

② 수학점수가 63점 이상인 학생의 비율은 응시생 전원의 $0.5 - 0.4641 = 0.0359(=3.59\%)$를 차지한다.
③ 응시생 중에서 무작위로 1명을 뽑았을 때, 그 학생의 수학점수가 63점 이상일 확률은 $0.5 - 0.4641 = 0.0359(=3.59\%)$이다.
④ 수학점수를 표준화한 표준정규분포에서

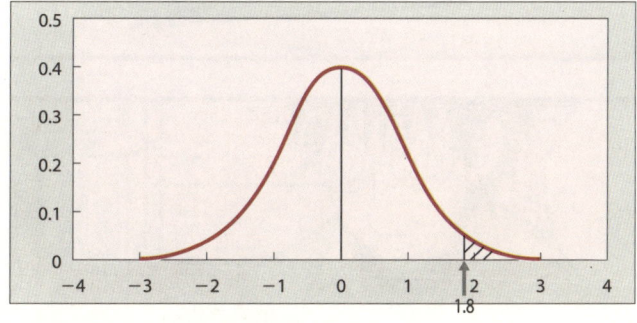

$$1.8 = \frac{18}{10} = \frac{63-45}{10} = \frac{각\ 데이터 - 평균}{표준편차}$$ 이상인 학생의 비율은, 표준정규분포표에 나타나 있는 것처럼 응시생 전원의 $0.5 - 0.4641 = 0.0359(=3.59\%)$를 차지한다.
⑤ 응시생 중에서 무작위로 1명을 뽑았다고 하자. 수학점수를 표준화한 표준정규분포에서 그 학생이 1.8 이상일 확률은 $0.5 - 0.4641 = 0.0359(=3.59\%)$이다.

04 카이제곱분포

x의 확률밀도함수가

$$f(x) = \begin{cases} x>0 \text{ 인 경우에는 } \dfrac{1}{2^{\frac{\text{자유도}}{2}} \times \int_0^\infty x^{\frac{\text{자유도}}{2}-1} e^{-x} dx} \times x^{\frac{\text{자유도}}{2}-1} \times e^{-\frac{x}{2}} \\ \text{그 이외의 경우에는 } 0 \end{cases}$$

일 때, 통계학에서는 이를 **"x는 자유도 ○○의 카이제곱분포를 따른다."** 라고 표현한다.

수학자가 아닌 이상 이 공식 자체는 그리 중요하지 않으니까 안심해.

별이의 반응이 하도 재미있어서 한 번 보여 준 것뿐이야.

우선 자유도가 2, 10, 20인 경우의 그래프를 살펴보자.

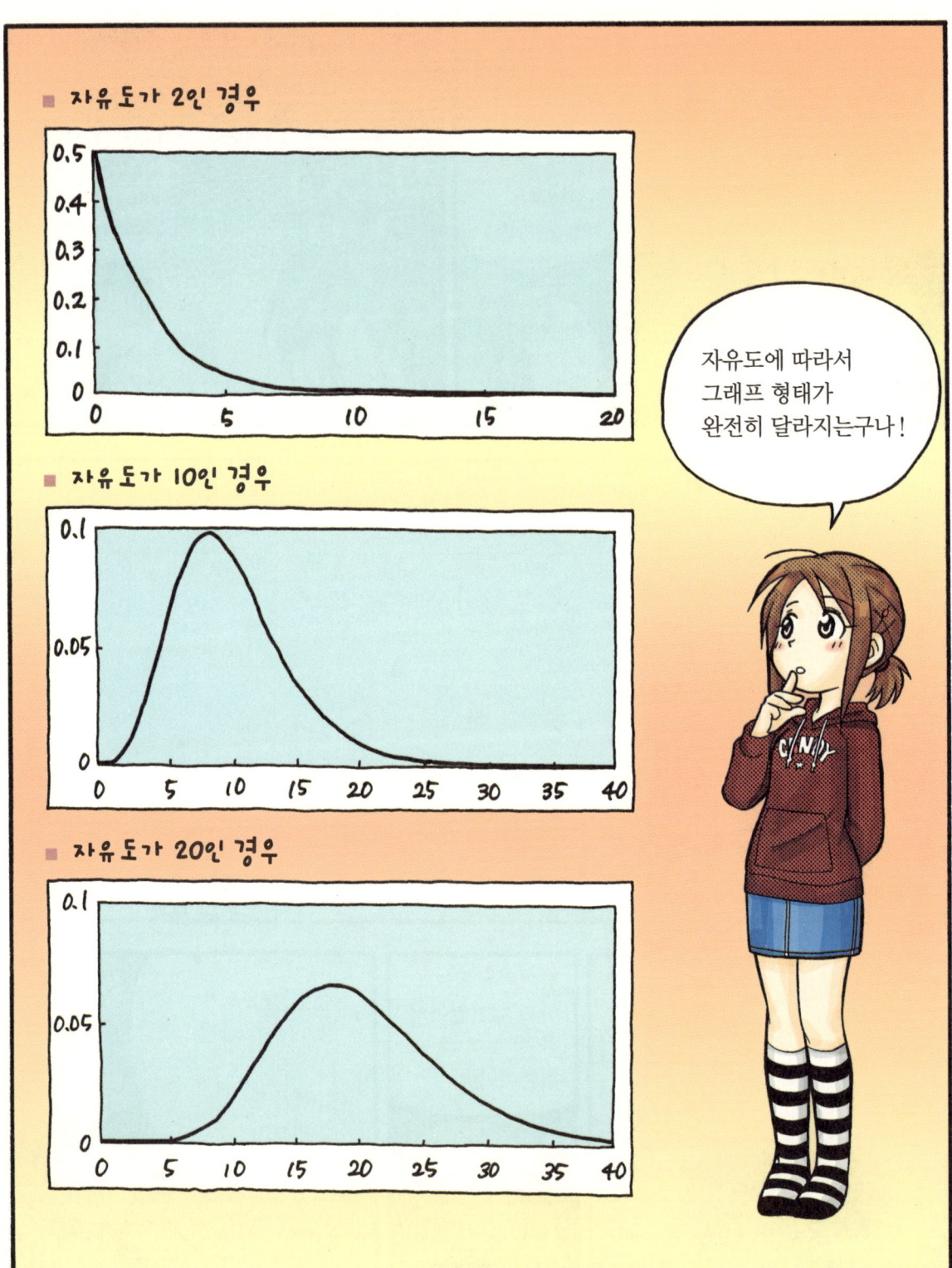

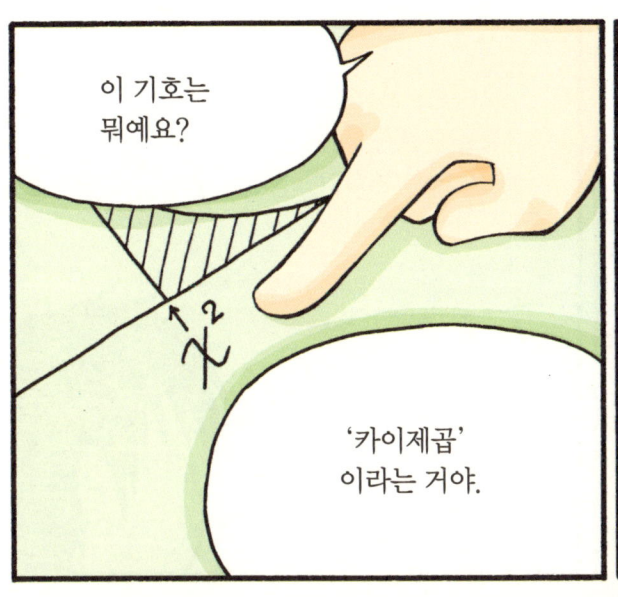

카이제곱분포표

자유도 \ P	0.995	0.99	0.975	0.95	0.05	0.025	0.01	0.005
1	0.000039	0.0002	0.0010	0.0039	3.8415	5.0239	6.6349	7.8794
2	0.0100	0.0201	0.0506	0.1026	5.9915	7.3778	9.2104	10.5965
3	0.0717	0.1148	0.2158	0.3518	7.8147	9.3484	11.3449	12.8381
4	0.2070	0.2971	0.4844	0.7107	9.4877	11.1433	13.2767	14.8602
5	0.4118	0.5543	0.8312	1.1455	11.0705	12.8325	15.0863	16.7496
6	0.6757	0.8721	1.2373	1.6354	12.5916	14.4494	16.8119	18.5475
7	0.9893	1.2390	1.6899	2.1673	14.0671	16.0128	18.4753	20.2777
8	1.3444	1.6465	2.1797	2.7326	15.5073	17.5345	20.0902	21.9549
9	1.7349	2.0879	2.7004	3.3251	16.9190	19.0228	21.6660	23.5893
10	2.1558	2.5582	3.2470	3.9403	18.3070	20.4832	23.2093	25.1881
⋮	⋮	⋮	⋮	⋮	⋮	⋮	⋮	⋮

Chapter 05. 확률을 구하자

Chapter 05. 확률을 구하자

05 t 분포

통계학에서는 다음과 같은 확률밀도함수가 자주 등장한다.

$$f(x) = \frac{\int_0^\infty x^{\frac{\text{자유도}+1}{2}-1} e^{-x} dx}{\sqrt{\text{자유도} \times \pi} \times \int_0^\infty x^{\frac{\text{자유도}}{2}-1} e^{-x} dx} \times \left(1 + \frac{x^2}{\text{자유도}}\right)^{-\frac{\text{자유도}+1}{2}}$$

x의 확률밀도함수가 위의 식과 같을 때, 통계학에서는 이를 "x는 자유도 ○○인 t 분포를 따른다."라고 표현한다.

■ 자유도가 5인 경우

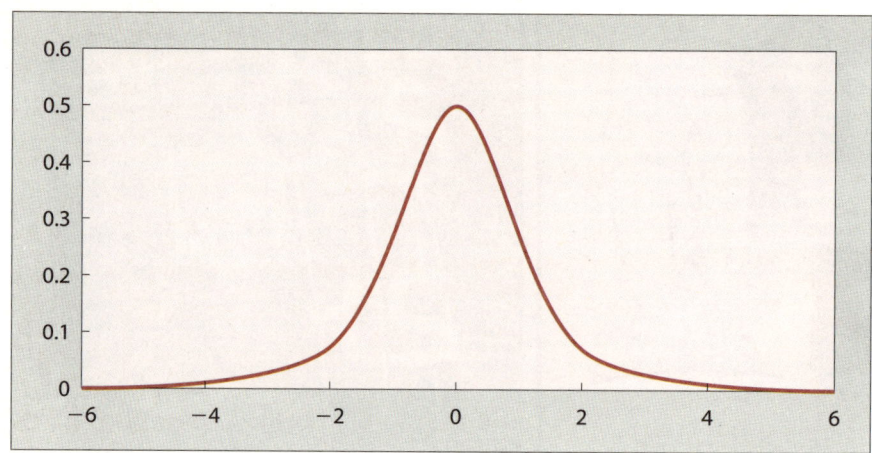

06 F 분포

통계학에서는 다음과 같은 확률밀도함수가 자주 등장한다.

$$f(x) = \begin{cases} x>0 \text{인 경우} & \dfrac{\left(\int_0^\infty x^{\frac{1\text{자유도}+2\text{자유도}}{2}-1} e^{-x} dx\right) \times (1\text{자유도})^{\frac{1\text{자유도}}{2}} \times (2\text{자유도})^{\frac{2\text{자유도}}{2}}}{\left(\int_0^\infty x^{\frac{1\text{자유도}}{2}-1} e^{-x} dx\right) \times \left(\int_0^\infty x^{\frac{2\text{자유도}}{2}-1} e^{-x} dx\right)} \times \dfrac{x^{\frac{1\text{자유도}}{2}-1}}{1\text{자유도} \times x + 2\text{자유도}^{\frac{1\text{자유도}+2\text{자유도}}{2}}} \\ \text{그 이외인 경우,} & 0 \end{cases}$$

x의 확률밀도함수가 위의 식과 같을 때, 통계학에서는 이를 "x는 1자유도가 ○○이고, 2자유도가 ××인 F분포를 따른다"라고 표현한다.

■ 1자유도가 10이고, 2자유도가 5인 경우

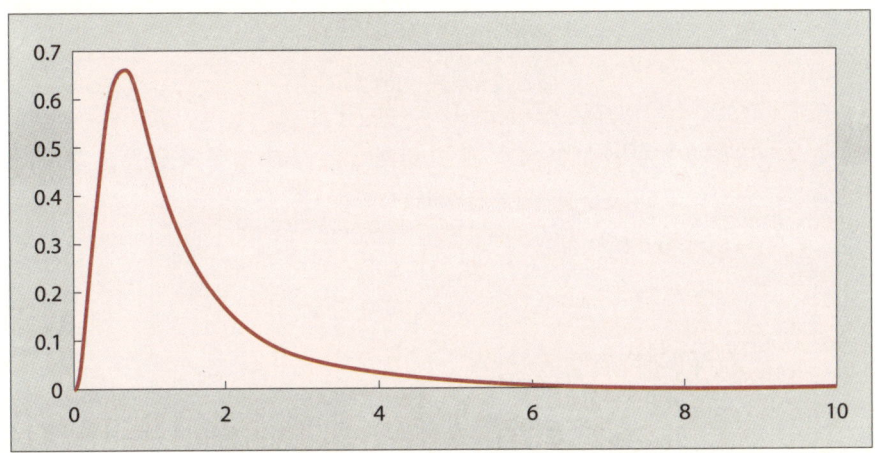

07 'xx분포'와 Excel

표준정규분포표나 카이제곱분포표를 이용하지 않고 확률이나 가로축의 수치를 계산하는 것은, 컴퓨터가 보급되기 전까지는 매우 어려운 일이었다. 따라서 1990년대 초반에만 해도 이 분포표들은 매우 중요하였다. 그러나 현대에 들어와서는 이 분포표가 그다지 이용되지 않고 있다. Excel의 함수 기능을 이용하면 분포표에 해당하는 수치를 구할 수 있을 뿐만 아니라, 분포표에 나와 있지 않은 다양한 수치들도 구할 수 있기 때문이다. 「xx분포」에 관한 엑셀의 함수를 아래표에 정리하였다.

표 5.1 '××분포'와 관련된 Excel의 함수

분포	함수	함수의 특징
정규분포*	NORMDIST	가로축 값에 대응하는 확률을 산출한다.
정규분포	NORMINV	확률에 대응하는 가로축의 값을 산출한다.
표준정규분포	NORMSDIST	가로축 값에 대응하는 확률을 산출한다.
표준정규분포	NORMSINV	확률에 대응하는 가로축의 값을 산출한다.
카이제곱분포	CHIDIST	가로축 값에 대응하는 확률을 산출한다.
카이제곱분포	CHIINV	확률에 대응하는 가로축의 값을 산출한다.
t분포	TDIST	가로축 값에 대응하는 확률을 산출한다.
t분포	TINV	확률에 대응하는 가로축의 값을 산출한다.
F분포	FDIST	가로축 값에 대응하는 확률을 산출한다.
F분포	FINV	확률에 대응하는 가로축의 값을 산출한다.

* 정규분포의 확률밀도함수는 평균과 표준편차의 영향을 받는다. 따라서 '정규분포표'는 만들래야 만들 수가 없기 때문에 이 세상에 존재하지 않는다. 그러나 편리하게도 '정규분포표'에 해당하는 수치를 Excel에서 구할 수 있다.

예제와 해답

예제

(1) 93쪽의 표준정규분포표를 이용하여 아래 그래프에 표시된 영역의 확률을 구하시오.

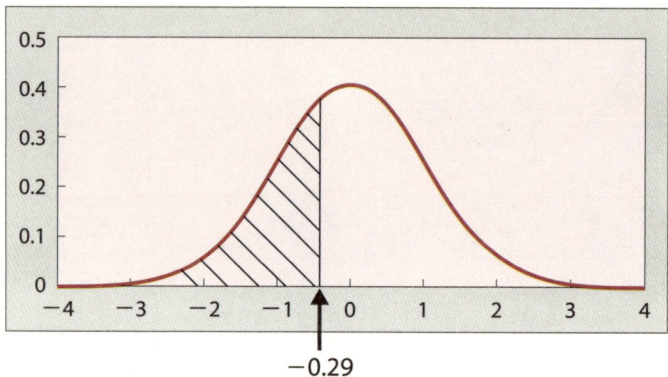

(2) 103쪽의 카이제곱분포표를 이용하여 자유도가 2이고, P가 0.05일 경우 x^2의 값을 구하시오.

해답

(1) 구해야 할 확률은 다음 그래프에 표시된 영역의 확률과 같다.

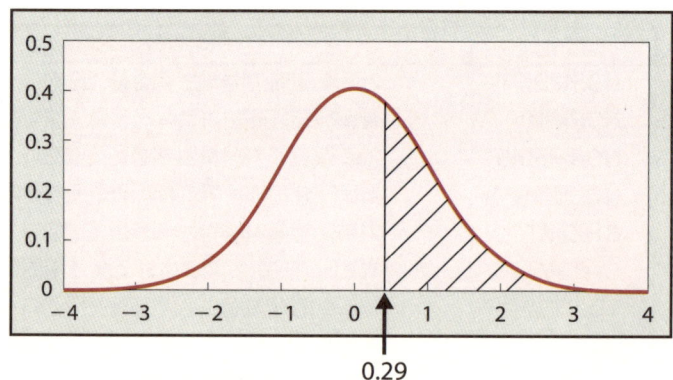

$z = 0.29 = 0.2 + 0.09$ 의 확률을 표준정규분포표에서 찾아보면 0.1141이다.
따라서 구해야 할 확률은 $0.5 - 0.1141 = 0.3859$ 이다.

(2) 구해야 할 x^2의 값을 카이제곱분포표에서 찾아보면 5.9915이다.

정리

- 대표적인 확률밀도함수는 다음과 같다.
  - 정규분포
  - 표준정규분포
  - 카이제곱분포
  - t 분포
  - F 분포
- 확률밀도함수의 그래프 곡선과 가로축이 만나 형성되는 영역의 넓이는 항상 1이다.
- 확률밀도함수의 그래프 곡선과 가로축이 만나 형성되는 영역의 넓이는 비율 또는 확률과 동일하다.
- '××분포' 또는 Excel의 함수를 이용하면 다음을 구할 수 있다.
  - 가로축 값에 대응하는 확률
  - 확률에 대응하는 가로축 값

Chapter 06 이변수의 관련성에 대해 알아보자

01. 상관계수
02. 상관비
03. 크래머의 연관계수

■ '신장'과 '체중'에 대한 점그래프

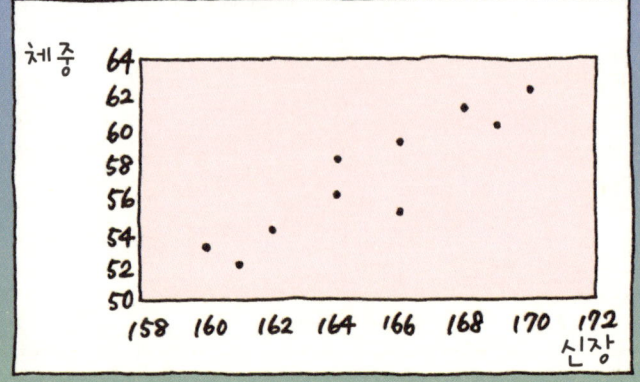

← 수량과 수량

■ '좋아하는 맥주 브랜드'와 '연령'에 대한 점그래프

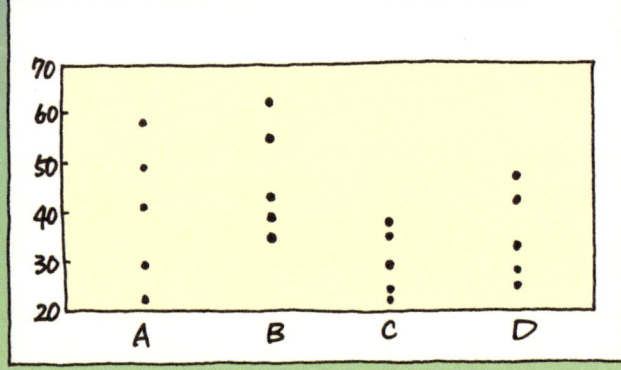

← 수량과 카테고리

■ '주거지'와 '지지정당'에 대한 원기둥 그래프

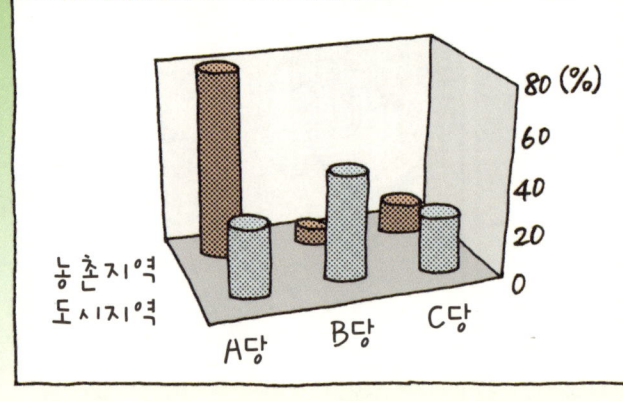

← 카테고리와 카테고리

그래프로 만들어 보면 이렇게 두 변수가 서로 관련되어 있는지를 알 수 있지.

네.

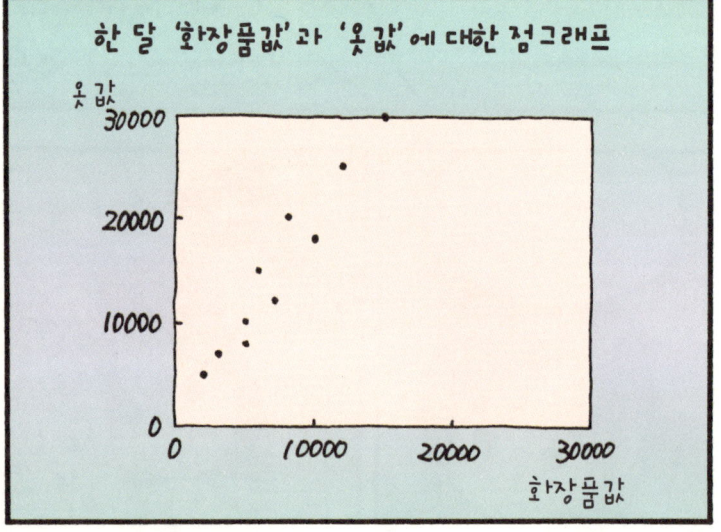

	지표	수치범위	계산식	
수량 데이터와 수량 데이터	상관계수	−1~1	$\dfrac{x\text{의 편차와 }y\text{의 편차의 곱의 합}}{\sqrt{x\text{의 편차제곱의 합}\times y\text{의 편차제곱의 합}}}=\dfrac{S_{xy}}{\sqrt{S_{xx}\times S_{yy}}}$	
수량 데이터와 카테고리 데이터	상관비	0~1	$\dfrac{\text{급간변동}}{\text{급내변동}+\text{급간변동}}$	→121쪽 "2.상관비"참조
카테고리 데이터와 카테고리 데이터	크래머의 연관계수	0~1	$\sqrt{\dfrac{\chi_0^2}{\text{데이터의 개수}\times(\min\{\text{크로스 집계표의 행수, 크로스 집계표의 열수}\}-1)}}$	→127쪽 "3.크래머의 연관계수"참조

데이터의 종류에 따라 지표가 달라지지.

아아~

여기서 '화장품값' 과 '옷값' 은 "상관계수"야.

수량과 수량이니까

$\dfrac{X\text{의 편차와 }Y\text{의 편차의 곱의 합}}{\sqrt{X\text{의 편차제곱의 합}\times Y\text{의 편차제곱의 합}}}=\dfrac{S_{XY}}{\sqrt{S_{XY}\times S_{YY}}}$

천천히 계산해 보자.

히익~

자, 시작한다~

꺄악~

한달 '화장품값'과 '옷값'의 상관계수 계산 과정

사람	화장품값 x	옷값 y	$x-\bar{x}$	$y-\bar{y}$	$(x-\bar{x})^2$	$(y-\bar{y})^2$	$(x-\bar{x})(y-\bar{y})$
A	3000	7000	−4300	−8000	18490000	64000000	34400000
B	5000	8000	−2300	−7000	5290000	49000000	16100000
C	12000	25000	4700	10000	22090000	100000000	47000000
D	2000	5000	−5300	−10000	28090000	100000000	53000000
E	7000	12000	−300	−3000	90000	9000000	900000
F	15000	30000	7700	15000	59290000	225000000	115500000
G	5000	10000	−2300	−5000	5290000	25000000	11500000
H	6000	15000	−1300	0	1690000	0	0
I	8000	20000	700	5000	490000	25000000	3500000
J	10000	18000	2700	3000	7290000	9000000	8100000
계	73000	150000	0	0	148100000	606000000	290000000
평균	7300 ↓ $\bar{x}$	15000 ↓ $\bar{y}$			↓ S_{xx}	↓ S_{yy}	↓ S_{xy}

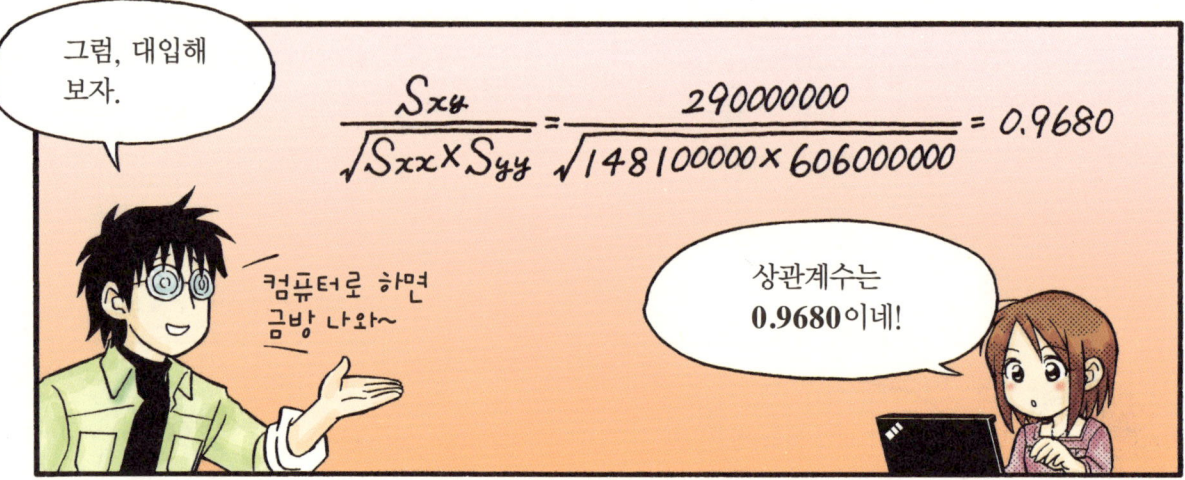

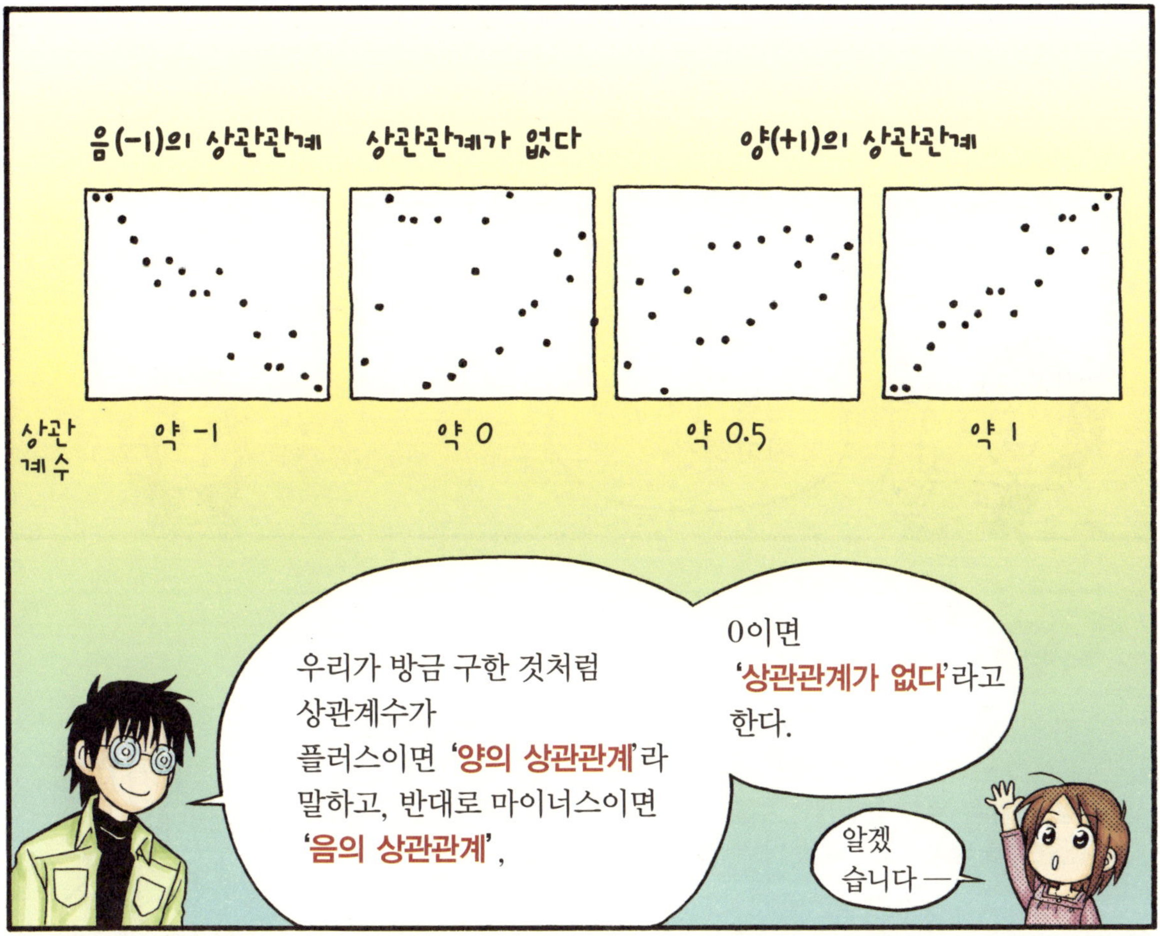

상관계수의 대략적인 기준

상관계수의 절대값		구체적으로 말하면…	대략적으로 말하면…
1.0 ~ 0.9	⇒	매우 강하게 관련되어 있다.	
0.9 ~ 0.7	⇒	다소 강하게 관련되어 있다.	관련이 있다.
0.7 ~ 0.5	⇒	다소 약하게 관련되어 있다.	
0.5 미만	⇒	매우 약하게 관련되어 있다.	관련이 없다.

일단 이 기준을 참고하길…

아하아

주의

전에 상관계수는 수량 데이터와 수량 데이터의 관련 정도를 나타내는 지표라고 설명했었지? 하지만 엄밀히 말하면 그렇지 않아. 상관계수는 수량 데이터와 수량 데이터 간에 "직선적"인 관련이 있는지를 명확히 판단할 수 있게 해 주는 지표라 할 수 있지.

상관계수의 적절치 않은 데이터의 예

상관계수 = −0.0825

예를 들어, 이 그래프를 보면 두 변수 간에 명확한 관련성이 있어 보이지. 하지만 "곡선모양"이기 때문에 상관계수의 수치는 거의 0에 가깝다고 할 수 있어.

02 상관비

자, 그럼 다음으로 넘어갑니다!

'연령별' '선호하는 패션 브랜드'에 관한 조사가 있네요!

백화점에서 물어봤습니다!
'연령별' '선호하는 패션 브랜드'

응답자	연령	패션 브랜드
A	27	테르메스
B	33	샤네리올
C	16	버퍼리
D	29	버퍼리
E	32	샤네리올
F	23	테르메스
G	25	샤네리올
H	28	테르메스
I	22	버퍼리
J	18	버퍼리
K	26	샤네리올
L	26	테르메스
M	15	버퍼리
N	29	샤네리올
O	26	버퍼리

수량 데이터와 카테고리 데이터이므로 **"상관비"**라는 거네요. 이 수치는 0부터 1 사이라고 했는데…

이 수치도 1에 가까울수록 강하게 관련되어 있다는 말인가요?

맞아.

Chapter 06. 이변수의 관련성에 대해 알아보자

'선호하는 패션 브랜드'와 '연령'

테르메스	샤네리올	버퍼리	
23	25	15	
26	26	16	
27	29	18	
28	32	22	
	33	26	
		29	
계 104	145	126	375
평균 26	29	21	25

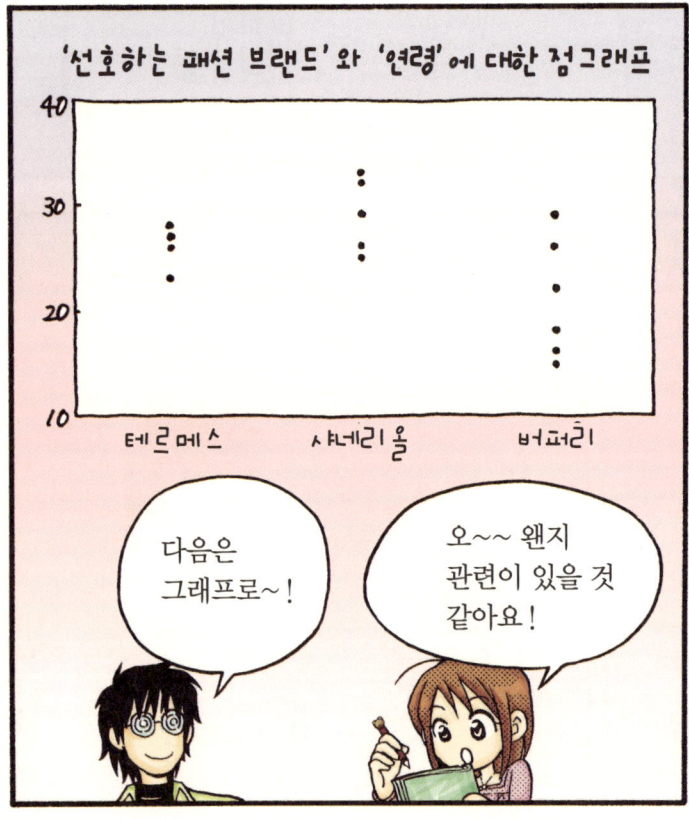

상관비는 다음과 같이 Step 1부터 Step 4까지의 과정으로 구할 수 있어.

Step 1

다음 표를 먼저 계산한다.

(테르메스 − 테르메스의 평균)^2	(샤네리올 − 샤네리올의 평균)^2	(버퍼리 − 버퍼리의 평균)^2
$(23-26)^2=(-3)^2=9$	$(25-29)^2=(-4)^2=16$	$(15-21)^2=(-6)^2=36$
$(26-26)^2=0^2=0$	$(26-29)^2=(-3)^2=9$	$(16-21)^2=(-5)^2=25$
$(27-26)^2=1^2=1$	$(29-29)^2=0^2=0$	$(18-21)^2=(-3)^2=9$
$(28-26)^2=2^2=4$	$(32-29)^2=3^2=9$	$(22-21)^2=1^2=1$
	$(33-29)^2=4^2=16$	$(26-21)^2=5^2=25$
		$(29-21)^2=8^2=64$
14	50	160
↓	↓	↓
S_{TT}	S_{CC}	S_{BB}

Step 2

급내변동, 즉 $S_{TT}+S_{CC}+S_{BB}$ 를 구하면

$$S_{TT}+S_{CC}+S_{BB}=14+50+160=224$$

Step 3

급간변동, 즉
(테르메스의 데이터 개수)×(테르메스의 평균−전체 평균)^2
+(샤네리올의 데이터 개수)×(샤네리올의 평균−전체 평균)^2
+(버퍼리의 데이터 개수)×(버퍼리의 평균−전체 평균)^2
을 구한다.

$$4\times(26-25)^2+5\times(29-25)^2+6\times(21-25)^2$$
$$=4\times1+5\times16+6\times16$$
$$=4+80+96$$
$$=180$$

Step 4

상관비, 즉 $\dfrac{\text{급간변동}}{\text{급내변동}+\text{급간변동}}$ 을 구한다.

$$\frac{180}{224+180}=\frac{180}{404}=0.4455$$

'연령별' 선호하는 패션 브랜드' 의
상관비는 …

앞에서 설명한 것처럼 상관비의 범위는 0부터 1까지란다. 두 변수가 강하게 관련되어 있을수록 1에 가깝고, 그렇지 않을수록 0에 가깝지. 자세한 사항은 아래 그래프를 참고하도록!

(상관비가 1 ⇔ 각 그룹이 포함하고 있는 데이터가 동일 ⇔ 급내변동이 0)

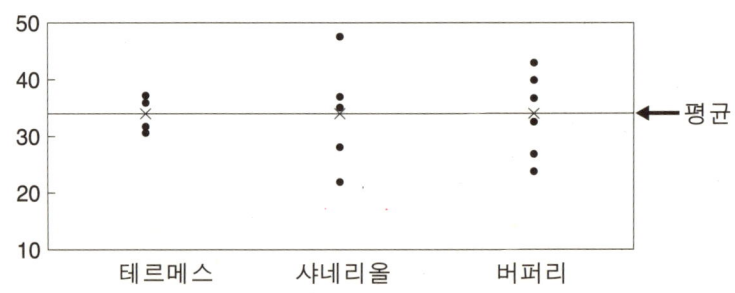

(상관비가 0 ⇔ 각 그룹의 평균이 동일 ⇔ 급간변동이 0)

"상관비가 ×× 이상이면 두 변수는 강하게 관련되어 있다고 할 수 있다."와 같은 통계학적인 기준은 아쉽게도 존재하지 않지만 참고가 될만한 대략적인 기준은 다음과 같아.

상관비의 기준

상관비		구체적으로 말하면…	대략적으로 말하면…
1.0~0.8	⇒	매우 강하게 관련되어 있다.	관련이 있다.
0.8~0.5	⇒	다소 강하게 관련되어 있다.	
0.5~0.25	⇒	다소 약하게 관련되어 있다.	
0 25 미만	⇒	매우 약하게 관련되어 있다.	관련이 없다.

이번 결과는 0.4455였으니까 "다소 약하게 관련되어 있다."인 거네요!

03 크래머의 연관계수

이번에는 카테고리 데이터끼리 서로 관련된 경우에 대해서 설명할 수 있는 예가 있으면 좋을 텐데…

아! 이건 어때요?

"고등학생 300명에게 물었습니다! 이성에게 어떤 방법으로 고백을 받고 싶나요?"

Chapter 06. 이변수의 관련성에 대해 알아보자

'성별'과 '고백 방법'의 교차집계표

		이런 방법으로 고백 받고 싶다			계
		전화로	메일로	직접 만나서	
성별	여	34	61	53	148
	남	38	40	74	152
	계	72	101	127	300

직접 만나서 고백 받고 싶다는 남성 응답자가 152명 중 74명이라는 의미.

'성별'과 '고백 방법'의 교차집계표(%)

		이런 방법으로 고백 받고 싶다			계
		전화로	메일로	직접 만나서	
성별	여	23	41	36	100
	남	25	26	49	100
	계	24	34	42	100

직접 만나서 고백 받고 싶다는 남성 응답자가 152명 중 $\frac{74}{152} \times 100 = 49(\%)$를 차지한다는 의미.

이처럼 이변수를 서로 접목시킨 표를 교차집계표라고 한다.

크래머의 연관계수는 다음과 같이 Step 1부터 Step 5까지의 과정으로 구할 수 있어.

Step 1

교차집계표를 준비한다. 여기서 굵은 선 안에 있는 값들을 '관측도수'라고 한다.

		이런 방법으로 고백 받고 싶다			계
		전화로	메일로	직접 만나서	
성별	여성	34	61	53	148
	남성	38	40	74	152
계		72	101	127	300

Step 2

다음 표와 같이 계산한다. 여기서 굵은 선 안에 있는 값들을 '기대도수'라고 한다.

		이런 방법으로 고백 받고 싶다			계
		전화로	메일로	직접 만나서	
성별	여성	$\dfrac{148 \times 72}{300}$	$\dfrac{148 \times 101}{300}$	$\dfrac{148 \times 127}{300}$	148
	남성	$\dfrac{152 \times 72}{300}$	$\dfrac{152 \times 101}{300}$	$\dfrac{152 \times 127}{300}$	152
계		72	101	127	300

$$\frac{\text{'남성' 합계} \times \text{'직접 만나서' 합계}}{\text{전체 데이터 수}}\ [1]$$

만약 '성별'과 '고백 방법'이 아무런 관계가 없다면
전화로 : 메일로 : 직접 만나서 는 여성이건 남성이건 관계없이
Step 2에 나온 표의 '계'에 따라

$$72 : 101 : 127 = \frac{72}{72+101+127} : \frac{101}{72+101+127} : \frac{127}{72+101+127}$$
$$= \frac{72}{300} : \frac{101}{300} : \frac{127}{300}$$

이 될 것이다. 즉, ※1은 '성별'과 '고백 방법'이 전혀 관련 없는 경우 '직접 만나서 고백 받고 싶은 남성의 숫자'인

$$152 \times \frac{127}{300} = \frac{152 \times 127}{300}$$ 을 의미한다.

Step 3

각 항목마다 $\frac{(관측도수 - 기대도수)^2}{기대도수}$ 을 계산한다.

		이런 방법으로 고백 받고 싶다			계
		전화로	메일로	직접 만나서	
성별	여성	$\dfrac{\left(34 - \dfrac{148 \times 72}{300}\right)^2}{\dfrac{148 \times 72}{300}}$	$\dfrac{\left(61 - \dfrac{148 \times 101}{300}\right)^2}{\dfrac{148 \times 101}{300}}$	$\dfrac{\left(53 - \dfrac{148 \times 127}{300}\right)^2}{\dfrac{148 \times 127}{300}}$	148
	남성	$\dfrac{\left(38 - \dfrac{152 \times 72}{300}\right)^2}{\dfrac{152 \times 72}{300}}$	$\dfrac{\left(40 - \dfrac{152 \times 101}{300}\right)^2}{\dfrac{152 \times 101}{300}}$	$\dfrac{\left(74 - \dfrac{152 \times 127}{300}\right)^2}{\dfrac{152 \times 127}{300}}$	152
계		72	101	127	300

관측도수와 기대도수의 차이가 클수록, 즉 '성별'과 '고백 방법'이 관련되어 있을수록 굵은 선 안에 있는 항목의 값들이 커진다.

Step 4

Step 3의 표에서 굵은 선 안에 있는 값들을 더한 값, 즉 피어슨의 카이제곱 통계량의 수치를 구한다. 이 피어슨의 카이제곱 통계량은 이후부터 'χ_0^2'으로 표기한다.

$$\chi_0^2 = \frac{\left(34 - \frac{148 \times 72}{300}\right)^2}{\frac{148 \times 72}{300}} + \frac{\left(61 - \frac{148 \times 101}{300}\right)^2}{\frac{148 \times 101}{300}} + \frac{\left(53 - \frac{148 \times 127}{300}\right)^2}{\frac{148 \times 127}{300}}$$

$$+ \frac{\left(38 - \frac{152 \times 72}{300}\right)^2}{\frac{152 \times 72}{300}} + \frac{\left(40 - \frac{152 \times 101}{300}\right)^2}{\frac{152 \times 101}{300}} + \frac{\left(74 - \frac{152 \times 127}{300}\right)^2}{\frac{152 \times 127}{300}}$$

$$= 8.0091$$

Step 3에서 확인했듯이, 실측도수와 기대도수의 차이가 클수록, 즉 '성별'과 '고백방법'이 관련되어 있을수록 피어슨의 카이제곱 통계량 χ_0^2은 커진다.

Step 5

크래머의 연관계수, 즉

$$\sqrt{\frac{\chi_0^2}{\text{전체 데이터의 개수} \times (\min\{\text{교차집계표의 행수, 교차집계표의 열수}\} - 1)}}$$

을 구한다. 단, $\min\{a, b\}$는 a와 b 중 값이 작은 쪽을 나타내는 기호이다.

$$\sqrt{\frac{8.0091}{300 \times (\min\{2, 3\} - 1)}} = \sqrt{\frac{8.0091}{300 \times (2-1)}} = \sqrt{\frac{8.0091}{300}} = 0.1634$$

이렇게 해서 크래머의 연관계수는 0.1634가 되는 거야.

앞에서 설명한 것처럼, 크래머의 연관계수 범위는 0부터 1까지야. 두 변수가 강하게 관련되어 있을수록 1에 가깝고, 그렇지 않을수록 0에 가깝지. 자세한 사항은 다음 교차집계표(%)를 참고하도록!

'성별'과 '고백 방법'의 교차집계표(%)
(크래머의 연관계수가 1인 경우)

		이런 방법으로 고백 받고 싶다			계
		전화로	메일로	직접 만나서	
성별	여성	17	83	0	100
	남성	0	0	100	100

크래머의 연관계수가 1 ⇔ 여성과 남성의 취향이 완전히 다름

'성별'과 '고백 방법'의 교차집계표(%)
(크래머의 연관계수가 0인 경우)

		이런 방법으로 고백 받고 싶다			계
		전화로	메일로	직접 만나서	
성별	여성	17	48	35	100
	남성	17	48	35	100

크래머의 연관계수가 0 ⇔ 여성과 남성의 취향이 동일함

"크래머의 연관계수가 ××이상이면 두 변수는 강하게 관련되어 있다."와 같은 통계학적 기준은 아쉽게도 존재하지 않지만 참고가 될만한 대략적인 기준은 다음과 같아.

크래머의 연관계수의 기준

크래머의 연관계수		구체적으로 말하면…	대략적으로 말하면…
1.0~0.8	⇒	매우 강하게 관련되어 있다.	관련이 있다.
0.8~0.5	⇒	다소 강하게 관련되어 있다.	
0.5~0.25	⇒	다소 약하게 관련되어 있다.	
0.25 미만	⇒	매우 약하게 관련되어 있다.	관련이 없다.

예제와 해답

예제

패밀리 레스토랑을 경영하는 A 회사는 최근 경영 악화에 빠졌다. 그래서 고객의 의견에 좀더 귀를 기울이고자, 무작위로 추출한 '20세 이상의 성인'들을 대상으로 앙케트 조사를 실시하였다. 결과는 다음 표와 같다.

	...	패밀리 레스토랑에서 자주 먹는 음식은?	...	식후, 음료가 서비스된다면 커피와 홍차 중 어느 쪽이 좋은가?	...
응답자 1	...	중식	...	커피	...
응답자 2	...	양식	...	커피	...
⋮	⋮	⋮	⋮	⋮	⋮
응답자 250	...	일식	...	홍차	...

위의 표에서 집계된 교차집계표 중 하나를 다음에 제시했다.

		커피와 홍차 중 어느 쪽이 좋은가?		계
		커피	홍차	
자주 먹는 음식의 종류	일식	43	33	76
	양식	51	53	104
	중식	29	41	70
계		123	127	250

'패밀리 레스토랑에서 자주 먹는 음식은?'과 '식후 음료가 서비스된다면 커피와 홍차 중 어느 쪽이 좋은가?'의 크래머 연관계수를 구하시오.

해 답

Step 1

교차집계표를 준비한다.

		커피와 홍차 중 어느 쪽이 좋은가?		계
		커피	홍차	
자주 먹는 음식의 종류	일식	43	33	76
	양식	51	53	104
	중식	29	41	70
계		123	127	250

Step 2

기대도수를 구한다.

		커피와 홍차 중 어느 쪽이 좋은가?		계
		커피	홍차	
자주 먹는 음식의 종류	일식	$\dfrac{76 \times 123}{250}$	$\dfrac{76 \times 127}{250}$	76
	양식	$\dfrac{104 \times 123}{250}$	$\dfrac{104 \times 127}{250}$	104
	중식	$\dfrac{70 \times 123}{250}$	$\dfrac{70 \times 127}{250}$	70
계		123	127	250

Step 3

각 항목별로 $\dfrac{(관측도수 - 기대도수)^2}{기대도수}$ 을 계산한다.

		커피와 홍차 중 어느 쪽이 좋은가?		계
		커피	홍차	
자주 먹는 음식의 종류	일식	$\dfrac{\left(43 - \dfrac{76 \times 123}{250}\right)^2}{\dfrac{76 \times 123}{250}}$	$\dfrac{\left(33 - \dfrac{76 \times 127}{250}\right)^2}{\dfrac{76 \times 127}{250}}$	76
	양식	$\dfrac{\left(51 - \dfrac{104 \times 123}{250}\right)^2}{\dfrac{104 \times 123}{250}}$	$\dfrac{\left(53 - \dfrac{104 \times 127}{250}\right)^2}{\dfrac{104 \times 127}{250}}$	104
	중식	$\dfrac{\left(29 - \dfrac{70 \times 123}{250}\right)^2}{\dfrac{70 \times 123}{250}}$	$\dfrac{\left(41 - \dfrac{70 \times 127}{250}\right)^2}{\dfrac{70 \times 127}{250}}$	70
계		123	127	250

Step 4

Step 3의 표에서 굵은 선 안에 있는 값들을 더한 값, 즉 피어슨의 카이제곱 통계량 χ_0^2의 값을 구한다.

$$\chi_0^2 = \frac{\left(34 - \frac{148 \times 72}{300}\right)^2}{\frac{148 \times 72}{300}} + \frac{\left(61 - \frac{148 \times 101}{300}\right)^2}{\frac{148 \times 101}{300}} + \frac{\left(53 - \frac{148 \times 127}{300}\right)^2}{\frac{148 \times 127}{300}}$$

$$+ \frac{\left(38 - \frac{152 \times 72}{300}\right)^2}{\frac{152 \times 72}{300}} + \frac{\left(40 - \frac{152 \times 101}{300}\right)^2}{\frac{152 \times 101}{300}} + \frac{\left(74 - \frac{152 \times 127}{300}\right)^2}{\frac{152 \times 127}{300}}$$

$$= 8.0091$$

Step 5

크래머의 연관계수, 즉

$$\sqrt{\frac{\chi_0^2}{\text{전체 데이터의 개수} \times (\min\{\text{교차집계표의 행수, 교차집계표의 열수}\} - 1)}}$$

을 구한다.

$$\sqrt{\frac{3.3483}{250 \times (\min\{3, 2\} - 1)}} = \sqrt{\frac{3.3483}{250 \times (2-1)}} = \sqrt{\frac{3.3483}{250}} = 0.1157$$

정리

* 수량 데이터와 수량 데이터의 관련 정도를 나타내는 지표로는 상관계수가 있다.
* 수량 데이터와 카테고리 데이터의 관련 정도를 나타내는 지표로는 상관비가 있다.
* 카테고리 데이터와 카테고리 데이터의 관련 정도를 나타내는 지표로는 크래머의 연관계수 (크래머의 관련계수, 크래머의 V 또는 독립계수라고도 한다)가 있다.
* 상관계수와 상관비, 크래머의 연관계수에는 다음과 같은 특징이 있다.

	최소값	최대값	두 변수가 전혀 관련되지 않았을 때의 값	두 변수가 가장 강하게 관련되었을 때의 값
상관계수	−1	1	0	−1 또는 1
상관비	0	1	0	1
크래머의 연관계수	0	1	0	1

* 상관계수와 상관비, 크래머의 연관계수에는 "수치가 ×× 이상이면 두 변수가 강하게 관련되어 있다."와 같은 통계학적 기준이 존재하지 않는다.

Chapter 07

독립성 검정을 마스터하자

01. '검정'이란
02. 독립성 검정
03. 귀무가설과 대립가설
04. P값과 검정의 순서
05. 독립성 검정과 동일성 검정
06. 검정 과정에서 결론의 표현

그러니까…
지난 수업에서
크래머의 연관계수에 대해
배웠었지?

아~
고백 방법에
관한 거요?

그 예에서
크래머의 연관계수는
0.1634였어.

그래서 "매우 약하게 관련되어
있다."고 결론을 내렸었지.

아, 그랬었죠.

그런데
다시 한번
생각해 보면
말이야.

그 앙케트는
'모든 고등학생' 중에서
임의로 추출한

300명의 데이터에서
도출한 결과에 지나지
않아.

만일 그들과 전혀
다른 300명이 추출되었다면,

이들 300명의 크래머의
연관계수는 분명
0.1634와는 달랐을 거야.

듣고 보니
그러네요.

 '검정'에는 여러 종류가 있어.

'검정'의 예

명칭	이용 가능한 예
독립성 검정	모집단의 '성별'과 '받고 싶은 고백 방법'의 크래머 연관계수가 0인지 아닌지 추측한다.
상관비 검정	모집단의 '선호하는 패션 브랜드'와 '연령'의 상관비가 0인지 아닌지 추측한다.
무상관 검정	모집단의 '한 달간 소비하는 화장품값'과 '한 달간 소비하는 옷값'의 상관계수 수치가 0인지 아닌지 추측한다.
모평균 검정	서울 여고생과 부산 여고생의 '한 달 용돈'이 서로 다른지를 추측한다. ※두 가지 모집단을 상정하고 있다는 점에 주의한다.
모비율 검정	도시에 사는 유권자와 농촌에 사는 유권자의 'XX국회지지율'이 서로 다른지를 추측한다. ※두 가지 모집단을 상정하고 있다는 점에 주의한다.

	'검정'의 순서
[Step 1]	모집단을 정의한다.
[Step 2]	귀무가설과 대립가설을 세운다.
[Step 3]	어떤 '검정'을 실시할지 선택한다.
[Step 4]	유의수준을 결정한다.
[Step 5]	표본데이터의 검정통계량을 구한다.
[Step 6]	[Step 5]에서 구한 검정통계량이 기각역 내에 드는지의 여부를 조사한다.
[Step 7]	[Step 6]에서 검정통계량이 기각역 내에 존재한다면 '대립가설은 올바르다'라고 결론짓는다. 그렇지 않은 경우 '귀무가설이 틀렸다고는 할 수 없다'라고 결론짓는다.

02 독립성 검정

그럼 본론으로 들어가서, 독립성 검정에 대해 공부해 보자.

"독립성 검정"이란, '모집단의 크래머 연관계수가 적어도 0이 되지는 않을 것'이라는 사실을 추측하기 위한 분석 방법이라고 했지?

네에.

즉, '교차집계표에서 두 변수가 서로 관련되어 있는지'를 추측하기 위한 분석 방법인 거지.

아하~ 그래서 앙케트 분석을 하는구나.

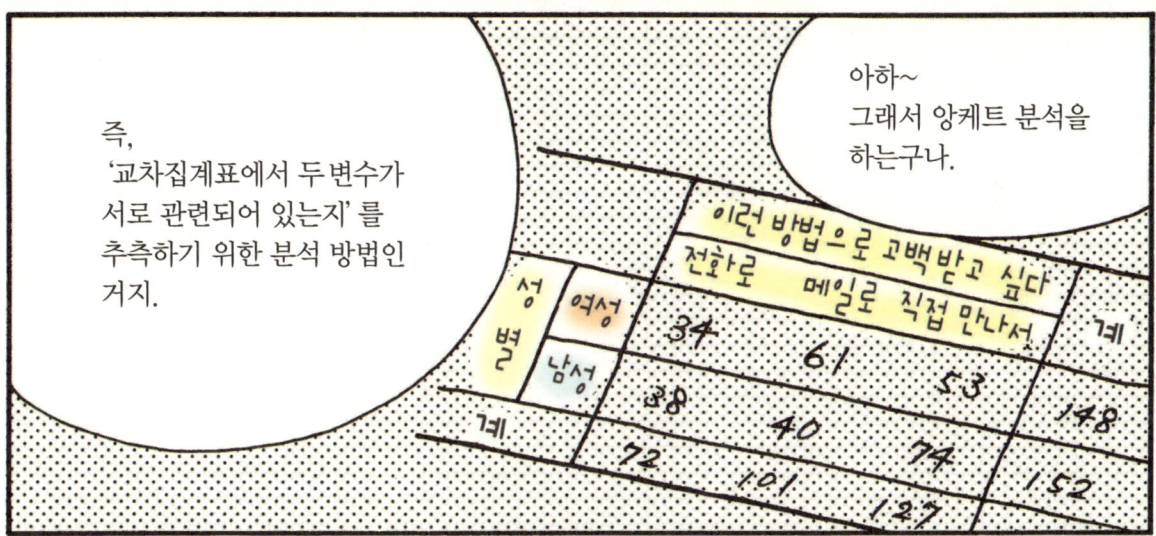

독립성 검정은 '카이제곱 검정' 이라고도 한단다.

또 나왔다! 어려워요~

 ## 피어슨의 카이제곱통계량 χ_0^2과 카이제곱분포

 독립성 검정의 구체적인 예를 설명하기 전에, 독립성 검정의 기초가 될 만한 중요한 사실을 하나 설명할게.
현실 가능성을 떠나 먼저 다음과 같은 실험을 실시했다고 하자.

Step 1

[Step1] 모집단인 '모든 고등학생' 중에서 임의로 300명을 추출한다.

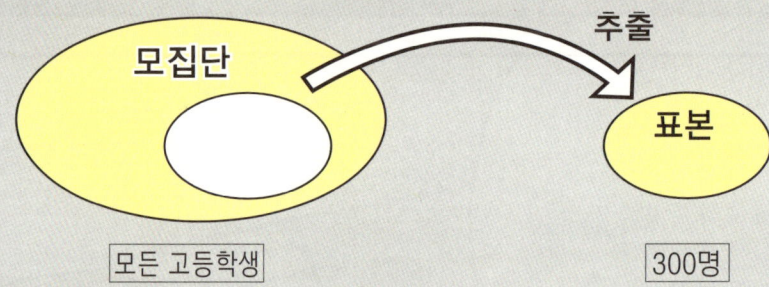

Step 2

Step1에서 추출한 300명에게 127페이지의 앙케트 조사를 실시하여 피어슨의 카이제곱통계량 χ_0^2을 구한다.

Step 3

추출한 300명을 모집단으로 돌려보낸다.

Step 4

Step1~ Step3을 계속하여 반복한다.

이 실험에서 피어슨의 카이제곱통계량 χ_0^2의 그래프는, 모집단인 '모든 고등학생'의 크래머 연관계수가 0일 경우, 자유도 2인 카이제곱분포가 된다. 바꿔 말하면, 피어슨의 카이제곱통계량 χ_0^2은 모집단인 '모든 고등학생'의 크래머 연관계수가 0일 경우, 자유도 2인 카이제곱분포를 따른다.

※피어슨의 카이제곱통계량 χ_0^2을 구하는 방식에 대해서는 130~133쪽을 참조한다.
※자유도 2인 카이제곱분포에 대해서는 100쪽을 참조한다.

말풍선: 실제로 실험을 실시해 봤어. 단, 다음과 같은 제약을 주었지.

- 실제로 '모든 고등학생'을 대상으로 실험을 하기란 불가능하므로 표 7.1에 제시한 1만 명의 집단을 '모든 고등학생'이라고 한다.
- '모든 고등학생'의 크래머 연관계수가 0이라고 한다. 다시 말해, 여성과 남성의 '전화로 고백받고 싶다', '메일로 고백받고 싶다', '직접 만나서 고백받고 싶다'의 비율이 모두 같다고 놓는다(135쪽 참조). 구체적으로는 표 7.1의 교차집계표가 표 7.2라고 한다.
- 이를 끝도 없이 계속 반복할 수는 없으므로, Step 1~ Step 3의 반복 횟수를 20,000회로 제한한다.

표 7.1 받고 싶은 고백 방법 (모든 고등학생)

	성별	받고 싶은 고백 방법
1	여	직접 만나서
2	여	전화로
⋮	⋮	⋮
10000	남	메일로

표 7.2 '성별'과 '고백받고 싶은 방법'의 교차집계표

		이런 방법으로 고백받고 싶다			계
		전화로	메일로	직접 만나서	
성별	여성	400	1600	2000	4000
	남성	600	2400	3000	6000
계		1000	4000	5000	10000

실험 결과를 표 7.3에 나타냈다. 표 7.3을 바탕으로 작성한 히스토그램이 그래프 7.1이다.

표 7.3 실험 결과

	피어슨의 카이제곱통계량 χ_0^2
1회째	0.8598
2회째	0.7557
⋮	⋮
20000회째	2.7953

그래프 7.1 표 7.3의 히스토그램 (계급의 크기는 1)

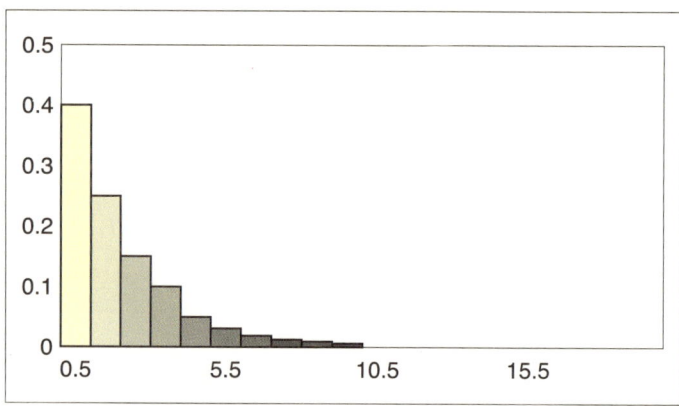

확실히 그래프 7.1은 100 쪽에 나와 있는 '자유도가 2인 경우'의 그래프와 매우 흡사하지. 이를 통해 알 수 있듯이 '피어슨의 카이제곱통계량 χ_0^2'이 자유도가 2인 카이제곱분포를 따른다는 것은 틀림없는 사실이야.
실험 자체와는 그다지 관계없는 이야기지만 여기서 한 가지 주의점을 설명할게. 자유도 2는

$$(2-1) \times (3-1) = 1 \times 2 = 2$$

↑ '여성', '남성'의 2가지 항목 수   ↑ '전화로', '메일로', '직접 만나서'의 3가지 항목 수

에서 나온 거야. 왜 이런 이상한 계산식이 나왔는지를 알아내는 것은 이 책의 수준을 훨씬 뛰어넘는 것이므로 더 이상의 언급은 피하도록 할게. 다행히 이 계산 구조를 모른다고 해도 이용하는 데에는 아무 지장이 없으므로 안심해도 좋아.

'모든 고등학생'의 크래머 연관계수가 0,

다시 말해 '성별'과 '받고 싶은 고백 방법' 사이에 아무 관계가 없다고 한다.

그리고 '모든 고등학생' 중 300명을 뽑아 앙케트 조사를 실시하고…

그 과정을 몇 번이고 몇 번이고 계속해서 하고!

피어슨의 카이제곱통계량 χ_0^2을 구하면…

그 그래프가 자유도 2인 카이제곱분포가 되는 거구나!

Chapter 07. 독립성 검정을 마스터하자 **155**

예제

한 출판사에서 "고등학생 300명에게 물었습니다! 이성에게 어떤 방법으로 고백을 받고 싶나요?"라는 기사를 여성지에 싣기로 했다. 그래서 출판사는 '모든 고등학생' 중 임의로 300명을 추출하여 앙케트 조사를 실시하였다. 그 결과가 다음 표이다.

	이런 방법으로 고백 받고 싶다	연령	성별
응답자 1	직접 만나서	17	여자
응답자 2	전화로	15	여자
⋮	⋮	⋮	⋮
응답자 300	메일로	18	남자

그리고 '성별'과 '받고 싶은 고백 방법'의 교차집계표는 다음과 같다.

		이런 방법으로 고백 받고 싶다			계
		전화로	메일로	직접 만나서	
성별	여성	34	61	53	148
	남성	38	40	74	152
계		72	101	127	300

모집단인 '모든 고등학생'의 '성별'과 '받고 싶은 고백 방법'의 크래머 연관계수가 0보다 큰지 아닌지, 다시 말해 '성별'과 '받고 싶은 고백 방법'이 서로 관련되어 있는지를 독립성 검정을 이용하여 추측하시오. 이 때 유의수준(159쪽 참조)은 0.05라고 하자.

152~154쪽에서 설명한 바와 같이, 만약 모집단인 '모든 고등학생'의 크래머 연관계수가 0이라면, '피어슨의 카이제곱통계량' χ_0^2은 자유도가 2인 카이제곱분포를 따른다. 따라서 모집단인 '모든 고등학생'의 크래머 연관계수가 0일 때, 임의로 추출된 300명의 데이터에서 구한 χ_0^2가, 예를 들어 5.9915 이상일 확률은

그래프 7.2 χ_0^2가 5.9915 이상일 확률

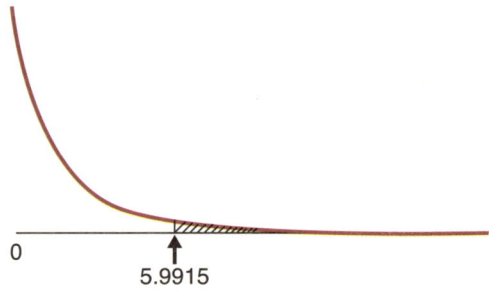

103쪽의 카이제곱분포표로 알 수 있듯이 0.05이다.

예제의 χ_0^2은 132쪽에서 이미 계산했듯이 8.0091이다. 자, 어떤가? 아무리 임의로 추출한 300명의 데이터에서 산출된 결과라고 해도 지나치게 수치가 크지 않은가? 132쪽의 해설을 되짚어 보며 생각하면, 모집단인 '모든 고등학생'의 크래머 연관계수는 0보다 크다고 할 수 있다.

이뿐만 아니라, 독립성 검정에서는

(1) "모집단의 크래머 연관계수는 0이다."라고 먼저 설정한 후,
(2) 표본 데이터에서 χ_0^2를 구하고,
(3) 그렇게 구한 χ_0^2의 값이 지나치게 클 경우, "모집단의 크래머 연관계수 수치는 0보다 크다."고 결론을 내린다.

이러한 과정으로 검정이 진행된다. 이를 잘 기억해 두기 바란다.

앞 쪽의 (3)에 대해 보충 설명을 하겠다.
χ_0^2의 값이 클수록 다음 그래프에서 사선으로 표시된 부분의 확률은 당연히 작아진다.

그래프 7.3 χ_0^2에 대응하는 확률

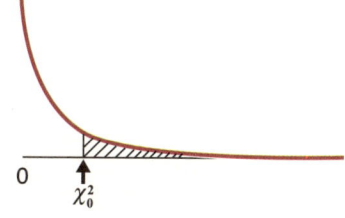

독립성 검정에서는 위의 그래프에서 사선으로 표시된 부분의 확률이 유의수준 값보다 작으면 "모집단의 크래머 연관계수는 0보다 크다."고 결론짓는다. 유의수준은 0.05 또는 0.01로 잡는 것이 일반적인데, 어느 쪽을 택할지는 전적으로 분석자 마음이다.

유의수준을 0.05로 설정했다고 하자. 사실 유의수준이란 다음 그래프에서 사선으로 표시한 부분의 확률을 말한다.

그래프 7.4 그래프 7.2와 같다.(= χ_0^2가 5.9915 이상일 확률)

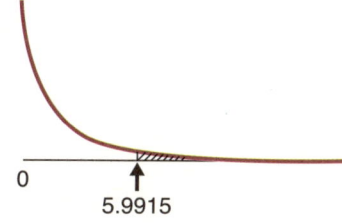

또한 다음 그래프에 표시한 범위를 기각역이라고 한다.

그래프 7.5 (유의수준 0.05에 대응하는) 기각역

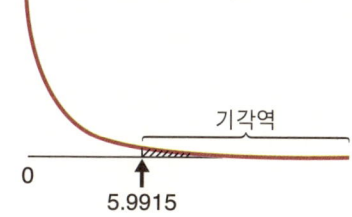

해 답

Step 1

모집단을 정의한다.

모집단은

모집단
=모든 고등학생

이야.

이 예제에서는 모집단을 '모든 고등학생'으로 정의해 놓았지. 따라서 이 예제를 놓고 본다면 사실 Step1은 필요없어.

예를 들어, 149쪽의 표 '모비율 검정'에서는 '도시에 사는 유권자'와 '농촌에 사는 유권자'를 모집단으로 상정하고 있어. 그렇다면 '도시'란 구체적으로 어디를 말하는 것일까? '서울과 부산'일까? '각 도의 도청소재지'일까? 이는 분석자가 결정해야 할 사항이야. 맞아! '검정'을 실시할 때에는 분석자 자신이 모집단을 정의해야 해.

어느 '검정'이든 모집단을 확실하게 정의해 놓지 않으면 '내가 대체 뭘 추측하려고 했었더라?' 하고 그 목적이 흔들리고 말거든. 실제로 그런 분석자가 적지 않아. 이를 조심해야 해.

Step 2

귀무가설과 대립가설을 세운다.

귀무가설은
모집단의 크래머 연관계수는 0이다.
= '성별'과 '고백 방법'은 서로 아무 관련이 없다.

대립가설은
모집단의 크래머 연관계수는 0보다 크다.
= '성별'과 '고백 방법'은 서로 관련이 있다.

귀무가설과 대립가설에 대해서는 나중에 설명하도록 할게.

Step 3

어떤 검정을 실시할지 선택한다.

독립성 검정을 실시해야 해.

이 예제에서는 처음부터 독립성 검정을 실시하도록 되어 있어. 따라서 이 예제만 놓고 본다면, Step 3은 사실 필요없다고 할 수 있지.
실제로 '검정'을 실시할 때에는 분석자 자신이 분석 목적에 적당한 '검정'을 선택해야만 해.

Step 4

유의수준을 결정한다.

유의수준은 0.05로 하는 게 좋아.

이 예제에서는 처음부터 유의수준을 0.05로 설정해 놓았어. 따라서 이 예제만 놓고 본다면, Step 4는 사실 필요없지. 실제로 '검정'을 실시할 때에는 분석자 자신이 유의수준을 결정해야 해. 앞서 설명한 바와 같이 유의수준은 0.05 또는 0.01로 하는 것이 일반적이야.
또한 유의수준은 'α'라는 기호로 표기하는 것이 일반적이지.

Step 5

표본데이터에서 검정통계량을 구한다.

내가 하고자 하는 것은 독립성 검정이야. 따라서 검정통계량은 피어슨의 카이제곱통계량 χ_0^2 이지. 이 예제의 χ_0^2의 값은 132쪽에서 이미 계산했어. 바로 $\chi_0^2 = 8.0091$이지.

검정통계량이란 표본데이터를 하나의 수치로 변환시켜 주는 공식을 말해.
어떤 '검정'을 실시하느냐에 따라 검정통계량도 달라지지. 독립성 검정의 경우 앞에서 말한 대로 χ_0^2이며, 무상관 검정(149쪽 참조)의 경우는 다음 식과 같아.

$$\frac{상관계수^2 \times \sqrt{데이터\ 개수 - 2}}{\sqrt{1 - 상관계수^2}}$$

Step 6

Step5에서 구한 검정통계량의 값이 기각역에 포함되는지 조사한다.

검정통계량인 피어슨의 카이제곱통계량 χ_0^2 의 값은 8.0091이야.
유의수준은 $\alpha = 0.05$ 이므로, 기각역은 103쪽에 나온 카이제곱분포를 통해 알 수 있듯이 '5.9915 이상' 이지. 다음 그래프와 같이 검정통계량 수치는 기각역 범위 내에 들어간다고 할 수 있지.

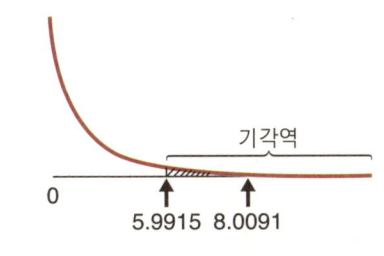

기각역은 유의수준 α에 의해 크게 변해. 이 예제의 α가 0.05가 아닌 0.01이었을 경우 기각역은 103쪽에 나온 카이제곱분포를 통해 알 수 있듯이 '9.2104 이상' 이야.

Step 7

Step 6의 검정통계량의 값이 기각역의 범위 내에 들었다면, '대립가설이 옳다'라고 결론짓는다. 그렇지 않은 경우, '귀무가설이 틀렸다고는 할 수 없다'고 결론짓는다.

검정통계량 수치가 기각역의 범위 내에 들었어. 따라서

모집단의 크래머 연관계수가 0보다 크다.
= '성별'과 '고백 방법'은 서로 관련이 있다.

라고 하는 대립가설은 옳다고 할 수 있지!

그러나 검정통계량의 값이 기각역의 범위 내에 들었다 하더라도 '대립가설이 완벽하게 옳다'는 결론은 내릴 수 없어. "대립가설이 완벽하게 옳다고 하고 싶지만, 실질적으로는 그렇지 않아. 귀무가설이 옳을 확률은 최대 ($\alpha \times 100$)%이다."라고 결론을 내릴 뿐이야.

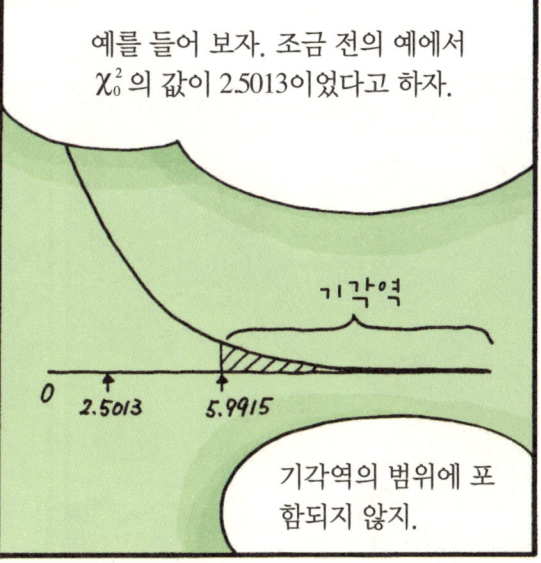

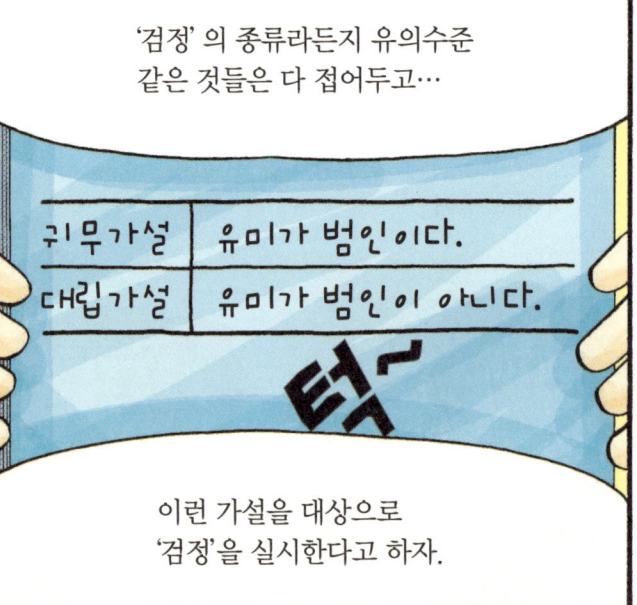

03 귀무가설과 대립가설

'검정'의 예

명칭	이용 가능한 예
독립성 검정	모집단의 '성별'과 '받고 싶은 고백 방법'의 크라머 연관계수가 0인지 아닌지 추측한다.
상관비 검정	모집단의 '선호하는 패션 브랜드'와 '연령'의 상관비가 0인지 아닌지 추측한다.
무상관 검정	모집단의 '한 달간 소비하는 화장품값'과 '한 달간 소비하는 옷값'의 상관계수가 0인지 아닌지 추측한다.
모평균 검정	서울 여고생과 부산 여고생의 '한 달 용돈'이 서로 다른지를 추측한다. ※두 가지 모집단을 상정하고 있다는 점에 주의한다.
모비율 검정	도시에 사는 유권자와 농촌에 사는 유권자의 '××국회 지지율'이 서로 다른지를 추측한다. ※두 가지 모집단을 상정하고 있다는 점에 주의한다.

전에도 한번 봤었지? 이 표의 예들을 가지고 공부해 보자.

네~에.

■ 독립성 검정

귀무가설	모집단의 '성별'과 '받고 싶은 고백 방법'의 크래머 연관계수가 0이다.
대립가설	모집단의 '성별'과 '받고 싶은 고백 방법'의 크래머 연관계수가 0보다 크다.

■ 상관비 검정

귀무가설	모집단의 '선호하는 패션 브랜드'와 '연령'의 상관비가 0이다.
대립가설	모집단의 '선호하는 패션 브랜드'와 '연령'의 상관비가 0보다 크다.

■ 무상관 검정

귀무가설	모집단의 '한 달간 소비하는 화장품값'과 '한 달간 소비하는 옷값'의 상관계수가 0이다.
대립가설	모집단의 '한 달간 소비하는 화장품값'과 '한 달간 소비하는 옷값'의 상관계수가 0이 아니다. 또는 모집단의 '한 달간 소비하는 화장품값'과 '한 달간 소비하는 옷값'의 상관계수가 0보다 크다. 또는 모집단의 '한 달간 소비하는 화장품값'과 '한 달간 소비하는 옷값'의 상관계수가 0보다 작다.

■ 모평균 검정

귀무가설	서울 여고생과 부산 여고생의 '한 달 용돈'이 같다.
대립가설	서울 여고생과 부산 여고생의 '한 달 용돈'이 다르다. 또는 서울 여고생보다 부산 여고생의 '한 달 용돈'이 많다. 또는 서울 여고생보다 부산 여고생의 '한 달 용돈'이 적다.

■ 모비율 검정

귀무가설	도시에 사는 유권자와 농촌에 사는 유권자의 '××국회지지율'이 같다.
대립가설	도시에 사는 유권자와 농촌에 사는 유권자의 '××국회지지율'이 다르다. 또는 도시에 사는 유권자보다 농촌에 사는 유권자의 '××국회지지율'이 높다. 또는 도시에 사는 유권자보다 농촌에 사는 유권자의 '××국회지지율'이 낮다.

그렇구나~

04 P값과 검정의 순서

'검정'을 하면서 결론을 내릴 때, 그 근거로 들 수 있는 사항은 말이야…

① 검정통계량의 값이 기각역 내에 포함되어 있는가?
② 유의수준보다 P값이 작은가?!?

바로 이 두 가지이지.

①번 방법은 아까 들어서 알겠는데, ②번 방법은 처음 들어요.

'P값'이라는 게 뭐예요?

'검정'의 종류에 따라 그 해석이 조금씩 다른데…

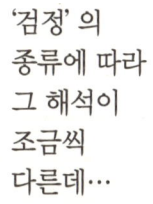

독립성 검정에서 'P값'이란 말이야…

귀무가설이 진실일 경우, χ_0^2의 값이 이 때 구한 값과 같거나 그보다 클 확률을 의미한다.

앞의 예로 들자면…

$\chi_0^2 = 8.0091$

이 부분의 확률을 의미하는 거지.

Chapter 07. 독립성 검정을 마스터하자

Step 6´

Step 5에서 구한 검정통계량의 값에 대응하는 P값이 유의수준보다 작은지 조사한다.

> 유의수준은 0.05야. 검정통계량인 피어슨의 카이제곱 통계량 χ_0^2의 값이 8.0091이므로 P값은 0.0182가 되지.
> 0.0182 < 0.05, 즉 P값이 더 작아.

> '검정'의 종류에 따라 다르긴 하지만, 앞서 설명한 대로 Excel을 이용하면 P값을 구할 수 있어. 다행스럽게도 독립성 검정의 P값을 Excel로 구할 수 있어.
> 자세한 내용은 208쪽을 참조하세요 ~.

Step 7′

P값이 Step 6′의 유의수준보다 작은 경우, "대립가설은 옳다."라고 결론 짓는다. 그렇지 않은 경우, "귀무가설이 틀렸다고는 할 수 없다."라고 결론 짓는다.

> P값이 유의수준보다 작지. 따라서
>
> > 모집단의 크래머 연관계수는 0보다 크다.
> > = '성별'과 '받고 싶은 고백 방법'은 서로 관련이 있다.
>
> 라는 대립가설은 옳다고 할 수 있어!

> 검정 과정에서 P값이 유의수준보다 작다고 하더라도 '대립가설이 100% 옳다'라는 결론을 내릴 수는 없어. '대립가설은 100% 옳다'고 하고 싶지만 …, 여기서도 역시 귀무가설이 옳을 확률은 '(P값×100)%이다'라는 결론만 내릴 수 있지.

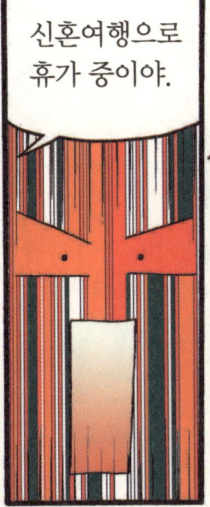

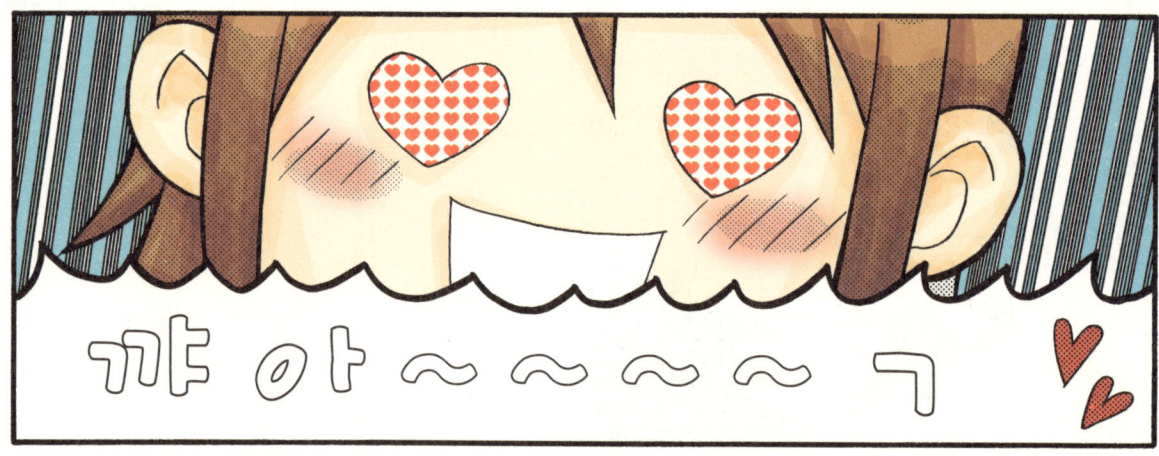

05 독립성 검정과 동일성 검정

독립성 검정과 매우 비슷한 '검정'으로 동일성 검정(test of homogeneity)이라는 게 있다. 동일성 검정의 예는 다음과 같다. 독립성 검정과 무엇이 다른지 생각해 가며 읽기 바란다.

"고등학생 300명에게 물었습니다! 이성에게 어떤 방법으로 고백을 받고 싶나요?"
– 전화로
– 메일로
– 직접 만나서
중에서 어떤 방법이 좋습니까?라는 내용의 기사가 여성지에 실렸다고 하자. 그리고 이 잡지의 출판사는 예전부터,

> **가설**
> 전화로 : 메일로 : 직접 만나서
> 의 사람수 비율은 여학생과 남학생이 각각 다르다.

라는 가설을 세웠다. 그리고 위의 가설이 옳은지 아닌지를 해명하기 위해 출판사에서는 '국내의 모든 여자 고등학생'과 '국내의 모든 남자 고등학생'중에서 각각 임의로 일정 수의 사람을 추출하여 앙케트 조사를 실시하기로 했다. 그 결과는 다음 표와 같다.

	이런 방법으로 고백 받고 싶다	연령	성별
응답자 1	직접 만나서	17	여자
⋮	⋮	⋮	⋮
응답자 148	메일로	16	여자
응답자 149	전화로	15	남자
⋮	⋮	⋮	⋮
응답자 300	메일로	18	남자

그리고 '성별'과 '받고 싶은 고백 방법'의 교차집계표가 다음 표이다.

		이런 방법으로 고백 받고 싶다			계
		전화로	메일로	직접 만나서	
성별	여성	34	61	53	148
	남성	38	40	74	152
계		72	101	127	300

앞서 세운 가설이 옳은지 아닌지를 동일성 검정으로 추측하시오. 이 때 유의수준은 0.05로 한다.

Step 1	모집단을 정의한다.	'국내의 모든 여자 고등학생'과 '국내의 모든 남자 고등학생'을 모집단으로 한다.
Step 2	귀무가설과 대립가설을 세운다.	귀무가설은 '〈전화로 : 메일로 : 직접 만나서〉에 관한 여학생과 남학생의 비율이 서로 같다'이다. 대립가설은 '〈전화로 : 메일로 : 직접 만나서〉에 관한 여학생과 남학생의 비율이 서로 다르다'이다.
Step 3	어떤 검정을 실시할 것인지 선택한다.	동일성 검정을 실시한다.
Step 4	유의수준을 결정한다.	유의수준은 0.05로 한다.
Step 5	표본 데이터에서 검정통계량의 값을 구한다.	이 예제의 목적은 동일성 검정이다. 따라서 검정통계량은 피어슨의 카이제곱통계량 χ_0^2이다. 이 예제의 χ_0^2의 값은 132쪽에서 이미 계산했다. 즉, χ_0^2=8.00091이다. 만일 이 예제의 귀무가설이 진실이라면 피어슨의 카이제곱통계량 χ_0^2은 자유도 (2-1)×(3-1)=1×2=2인 카이제곱분포를 따른다.
Step 6	Step 5에서 구한 검정통계량의 값이 기각역의 범위에 포함되어 있는지 조사한다.	검정통계량 χ_0^2수치는 8.00091이다. 유의수준 α가 0.05이므로, 기각역은 103쪽의 카이제곱분포표에 나와 있듯이 '5.9915 이상'이다. 따라서 검정통계량의 값은 기각역의 범위에 들어가 있다.
Step 7	Step 6의 검정통계량의 값이 기각역에 포함되었다면 '대립가설은 옳다'라고 결론을 내린다. 그렇지 않은 경우, '귀무가설이 틀렸다고는 할 수 없다'라고 결론 내린다.	검정통계량의 값은 기각역의 범위에 포함되어 있다. 따라서 '〈전화로 : 메일로 : 직접 만나서〉의 비율은 여학생과 남학생이 각기 서로 다르다'는 대립가설은 옳다.

자, 어떠한가? 예제도 해답도, 독립성 검정의 예와 똑같지 않은가?

여기서 독립성 검정과 동일성 검정의 차이를 확인하고 넘어가자. 차이점으로는 모두 3가지가 있다. 우선, 정의하고 있는 모집단이 다르다. 독립성 검정에서는 '모든 고등학생'이라는 한 집단을 모집단으로 했지만, 동일성 검정에서는 '국내의 모든 여자 고등학생'과 '국내의 모든 남자 고등학생'이라는 두 개의 집단을 모집단으로 삼는다.

다음으로 가설이 다르다. 독립성 검정의 가설은 다음과 같다.

귀무가설	모집단의 크래머 연관계수는 0이다. = '성별'과 '받고 싶은 고백 방법'은 서로 아무 관련이 없다.
대립가설	모집단의 크래머 연관계수는 0보다 크다. = '성별'과 '받고 싶은 고백 방법'은 서로 관련이 있다.

한편, 동일성 검정의 가설은 이러하다.

귀무가설	〈전화로 : 메일로 : 직접 만나서〉에 관한 여학생과 남학생의 비율이 서로 같다.
대립가설	〈전화로 : 메일로 : 직접 만나서〉에 관한 여학생과 남학생의 비율이 서로 다르다.

또한 일의 진행 순서가 다르다. 독립성 검정에서는 데이터를 수집한 후에 가설을 세우지만, 동일성 검정에서는 데이터를 수집하기 전에 가설을 세운다.

이렇게 앞에서 확인한 바와 같이, 독립성 검정과 동일성 검정에는 명확한 차이가 있다. 그러나 실무에서는 독립성 검정을 실시한다는 것이 그만 동일성 검정을 실시하거나, 반대되는 경우가 종종 발생한다. 이 점을 주의해야 한다.

06 검정 과정에서 결론의 표현

지금까지 검정 과정에서 결론을 낼 때에는 다음과 같이 표현한다고 설명했다.

> 검정통계량의 값이 기각역의 범위에 포함되어 있을 경우 '대립가설은 옳다' 는 결론을 내린다. 그렇지 않을 경우 '귀무가설이 틀렸다고는 할 수 없다' 는 결론을 내린다.

그러나 사실 이러한 표현은 그다지 일반적이지 않다.
검정 과정에서 결론을 나타내는 표현에는 다양한 것들이 있다. 다음 표에 정리해 보았다.

표 7.4 검정에서 결론의 표현

검정통계량의 값이 기각역의 범위에 포함되어 있는 경우	검정통계량의 값이 기각역의 범위에 포함되지 않은 경우
• 대립가설은 옳다. • 의미가 있다. • 귀무가설을 기각한다.	• 귀무가설이 틀렸다고는 할 수 없다. • 의미가 있지 않다. • 귀무가설을 기각할 수 없다. • 귀무가설을 보유한다. • 귀무가설이 진실이 아니라고 할 수는 없다. • 귀무가설을 채택한다.

'의미가 있다', '의미가 있지 않다' 는 표현이 비교적 많이 사용되는 표현이 아닐까 싶다. 그렇다면 왜 필자는 일반적이지 않은 표현을 일부러 사용한 것일까? 그 이유로는 다음과 같은 것을 들 수 있다.
'검정' 을 배운 지 얼마 안 되는 사람들 중에는 구체적인 상황을 제대로 이해하지 못한 채 '의미가 있다' 는 표현만을 연발하는 사람이 의외로 많다. 아마도 검정통계량의 값이나 P값의 크기만을 확인하고 그러는 것이리라. 하지만 '의미가 있다' 는 말의 뜻을 이해하지 못한다는 건, 즉 확고한 귀무가설과 대립가설을 세우지 않은 채 '검정' 을 실시하고 있다는 얘기가 된다. 아마도 이 경우, 모집단의 정의도 불확실할 것이다. 예전에만 해도 필자는 이런 일들에 대해 그냥 그러려니 하고 넘어갔다. 그러나 귀무가설이나 대립가설은 애매하면서도 어쩐 일인지 결론만은 확실히 내려고 하는 방식은 아무리 봐도 정상이 아니다. 그래서 이 책에서는 독자들이 귀무가설이나 대립가설을 머릿속으로 떠올리는 습관을 가질 수 있도록 '대립가설은 옳다', '귀무가설이 틀렸다고는 할 수 없다' 라는 표현을 사용했다.

예제와 해답

예제

다음 표는 138쪽에서 나왔던 교차집계표이다.

		커피와 홍차 중 어느 쪽이 좋은가?		계
		커피	홍차	
자주 먹는 음식의 종류	일식	43	33	76
	양식	51	53	104
	중식	29	41	70
계		123	127	250

모집단이 '서울에 사는 20세 이상의 성인'일 때, '자주 먹는 음식의 종류' 및 '커피와 홍차 중 어느 쪽이 좋은가?'에 관한 크래머 연관계수가 0보다 큰지, 즉 '자주 먹는 음식의 종류' 와 '커피와 홍차 중 어느 쪽이 좋은가?' 가 서로 관련되어 있는지를 독립성 검정을 통해 추측 하시오. 이 때 유의수준은 0.01이다.

해답

Step 1	모집단을 정의한다.	'서울에 사는 20세 이상의 성인'을 모집단으로 한다.
Step 2	귀무가설과 대립가설을 세운다.	귀무가설은 〈'자주 먹는 음식의 종류'와 '커피와 홍차 중 어느 쪽이 좋은가?'는 서로 관련이 없다〉이다. 대립가설은 〈'자주 먹는 음식의 종류'와 '커피와 홍차 중 어느 쪽이 좋은가?'는 서로 관련이 있다〉이다.
Step 3	어떤 검정을 실시할 것인지 선택한다.	독립성 검정을 실시한다.
Step 4	유의수준을 결정한다.	유의수준을 0.01로 한다.
Step 5	표본 데이터에서 검정통계량의 값을 구한다.	이 예제의 목적은 독립성 검정이다. 따라서 검정통계량은 피어슨의 카이제곱통계량 χ_0^2이다. 이 예제의 χ_0^2수치는 141쪽에서 이미 계산했다. 즉, $\chi_0^2 = 3.3483$이다.
Step 6	Step 5에서 구한 검정통계량의 값이 기각역의 범위에 포함되어 있는지 조사한다.	검정통계량 χ_0^2의 값은 3.3483이다. 유의수준 α 가 0.01이므로 기각역은 103쪽의 카이제곱분포표에 나와 있듯이 '9.2104 이상' 이다. 따라서 검정통계량의 값은 기각역의 범위에 들어가 있지 않다.
Step 7	Step 6에서 검정통계량의 값이 기각역에 포함되었다면 '대립가설은 옳다'라고 결론을 내린다. 그렇지 않은 경우, '귀무가설이 틀렸다고는 할 수 없다'라고 결론 내린다.	검정통계량의 값은 기각역의 범위에 포함되어 있지 않다. 따라서 〈'자주 먹는 음식의 종류'와 '커피와 홍차 중 어느 쪽이 좋은가?'는 서로 관련되어 있지 않다〉는 귀무가설이 틀렸다고는 할 수 없다.

정리

* 검정은 분석자가 모집단에 대해 세운 가설이 옳은지 그렇지 않은지를 표본데이터를 통해 추측하는 분석 방법이다.
* 검정은 정확하게 말해 통계적 가설검정이라고도 한다.
* 검정통계량은 표본 데이터를 하나의 값으로 변환시키는 공식이다.
* 유의수준은 0.05 또는 0.01로 하는 것이 일반적이다.
* 기각역은 유의수준에 대응하는 범위이다.
* 독립성 검정은 '모집단의 크래머 연관계수는 0이 되는 일이 없다'는 사실을 추측하기 위한 분석 방법이다. '교차집계표의 두 변수가 서로 관련되어 있는지'를 추측하기 위한 분석 방법이기도 하다.
* '피어슨의 카이제곱통계량 χ_0^2은, 모집단의 크래머 연관계수가 0일 때 카이제곱분포표를 따른다.
* 독립성 검정에서 P값이란 귀무가설의 상황이 진실일 경우, 이 때 구한 값과 같든지 또는 그보다 큰 피어슨의 카이제곱통계량 χ_0^2의 값이 나올 확률이다.
* 검정에서 내려지는 결론의 근거로는 다음 두 가지 종류가 있다.

    ① 검정통계량의 값이 기각역의 범위에 포함되어 있는가?
    ② 유의수준보다 P값이 작은가?

* 독립성 검정이든 다른 검정이든, 검정의 분석 순서는 모두 같다. 구체적인 순서는 다음과 같다.

Step 1	모집단을 정의한다.
Step 2	귀무가설과 대립가설을 세운다.
Step 3	어떤 검정을 실시할 것인지 선택한다.
Step 4	유의수준을 결정한다.
Step 5	표본 데이터에서 검정통계량의 값을 구한다.
Step 6	Step 5에서 구한 검정통계량의 값이 기각역의 범위에 포함되어 있는지를 조사한다.
Step 7	Step 6의 검정통계량의 값이 기각역에 포함되었다면 '대립가설은 옳다' 라고 결론을 내린다. 그렇지 않은 경우, '귀무가설이 틀렸다고는 할 수 없다' 라고 결론을 내린다.
Step 6p	Step 5에서 구한 검정통계량의 값에 대응하는 P값이 유의수준보다 작은지를 조사한다.
Step 7p	P값의 Step 6p의 유의수준보다 작다면 '대립가설은 옳다' 라고 결론을 내린다. 그렇지 않을 경우에는 '귀무가설이 틀렸다고는 할 수 없다' 라고 결론을 내린다.

부록 Excel로 계산하자

01. 도수분포표를 작성한다
02. 평균, 중앙값, 표준편차를 산출한다
03. 단순집계표를 작성한다
04. 표준값, 편차값을 산출한다
05. 표준정규분포의 확률을 산출한다
06. 카이제곱분포의 가로축의 값을 산출한다
07. 상관계수의 값을 산출한다
08. 독립성 검정을 한다

여기서는 Excel 함수를 이용하여 다음에 대해 설명할 것이다.

   1. 도수분포표를 작성한다.

   2. 평균, 중앙값, 표준편차를 산출한다.

   3. 단순집계표를 작성한다.

   4. 표준값, 편차값을 산출한다.

   5. 표준정규분포의 확률을 산출한다.

   6. 카이제곱분포의 가로축의 값을 산출한다.

   7. 상관계수의 값을 산출한다.

   8. 독립성 검정을 한다.

Excel 함수에 익숙지 않은 사람이라면 먼저 '2. 평균, 중앙값, 표준편차를 산출한다'(195쪽)에 도전해 볼 것을 권한다.

① 도수분포표를 작성한다

사용할 데이터 : 33쪽

Step 1

셀 'J3'을 선택한다.

그림 1-1

	A	B	C	D	E	F	G	H	I	J
1		가격(원)			가격(원)					
2	라면집 1	7000		라면집 26	7800		이상	미만	(이하)	도수
3	라면집 2	8500		라면집 27	5900		5000	6000	5999	
4	라면집 3	6000		라면집 28	6500		6000	7000	6999	
5	라면집 4	6500		라면집 29	5800		7000	8000	7999	
6	라면집 5	9800		라면집 30	7500		8000	9000	8999	
7	라면집 6	7500		라면집 31	8000		9000	10000	9999	
8	라면집 7	5000		라면집 32	5500					
9	라면집 8	8900		라면집 33	7500					
10	라면집 9	8800		라면집 34	7000					
11	라면집 10	7000		라면집 35	6000					
12	라면집 11	8900		라면집 36	8000					
13	라면집 12	7200		라면집 37	8000					
14	라면집 13	6800		라면집 38	8800					
15	라면집 14	6500		라면집 39	7900					
16	라면집 15	7900		라면집 40	7900					
17	라면집 16	6700		라면집 41	7800					
18	라면집 17	6800		라면집 42	6000					
19	라면집 18	9000		라면집 43	6700					
20	라면집 19	8800		라면집 44	6800					
21	라면집 20	7200		라면집 45	6500					
22	라면집 21	8500		라면집 46	8900					
23	라면집 22	7000		라면집 47	9300					
24	라면집 23	7800		라면집 48	6500					
25	라면집 24	8500		라면집 49	7770					
26	라면집 25	7500		라면집 50	7000					

Step 2

메뉴 바의 '삽입'에서 '함수'를 선택한다.

그림 1-2

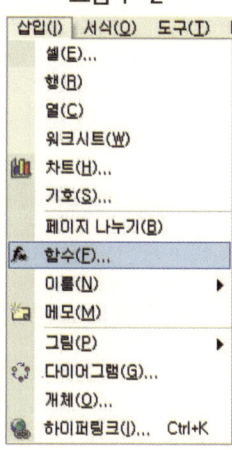

Step 3

'범주 선택'에서 '통계'를 선택하고, '함수 선택' 에서 'FREQUENCY'를 선택한다.

그림 1-3

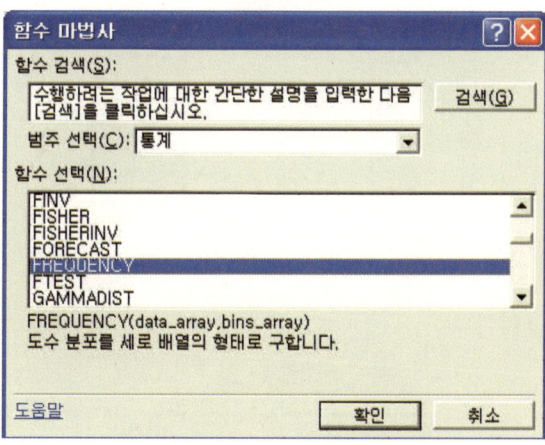

Step 4

다음 그림과 같이 범위를 선택하고 '확인' 버튼을 누른다.

그림 1-4

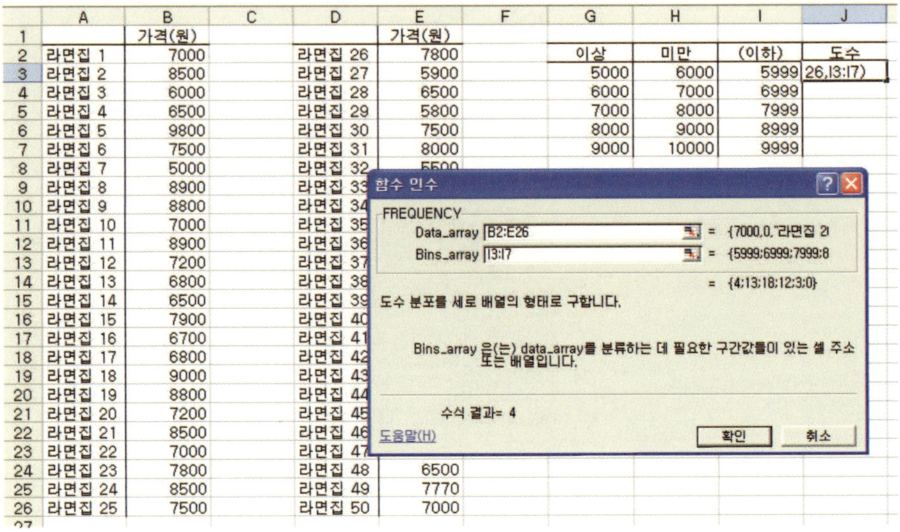

Step 5

셀 'J3'을 기점으로 하여 'J3'부터 'J7'까지 다음 그림과 같이 선택한다.

그림 1-5

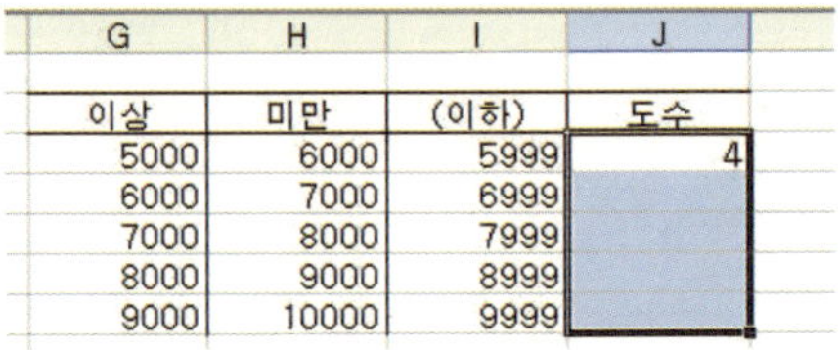

Step 6

수식 바에서 다음 부분을 클릭한다.

그림 1-6

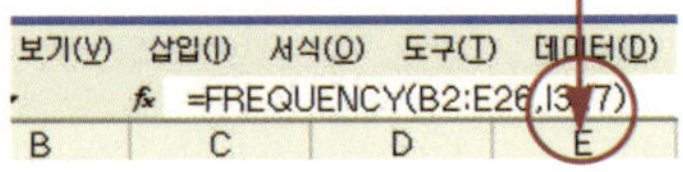

Step 7

'Shift' 키와 'Ctrl' 키를 동시에 누르면서 'Enter' 키를 누른다.

Step 8

계산 완료!!

그림 1-7

G	H	I	J
이상	미만	(이하)	도수
5000	6000	5999	4
6000	7000	6999	13
7000	8000	7999	18
8000	9000	8999	12
9000	10000	9999	3

② 평균, 중앙값, 표준편차를 산출한다

사용할 데이터 : 41쪽

Step 1

셀 'B10'을 선택한다.

그림 2-1

	A	B
1		A팀
2	별이별이	86
3	준희	73
4	유미	124
5	수지	111
6	다해	90
7	재희	38
8		
9		
10	평균	
11	중앙값	
12	표준편차	
13		

Step 2

메뉴 바의 '삽입'에서 '함수'를 선택한다.

그림 2-1a

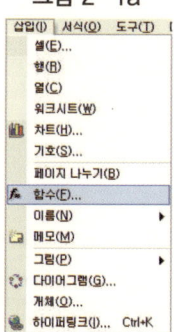

부록 - Eecel로 계산하자 **195**

Step 3

'범주 선택'에서 '통계'를 선택하고, 함수 선택에서 'AVERAGE'를 선택한다.

그림 2-2

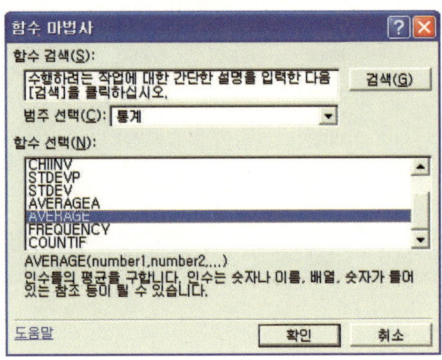

Step 4

다음 그림과 같이 범위를 선택하고 '확인' 버튼을 누른다.

그림 2-3

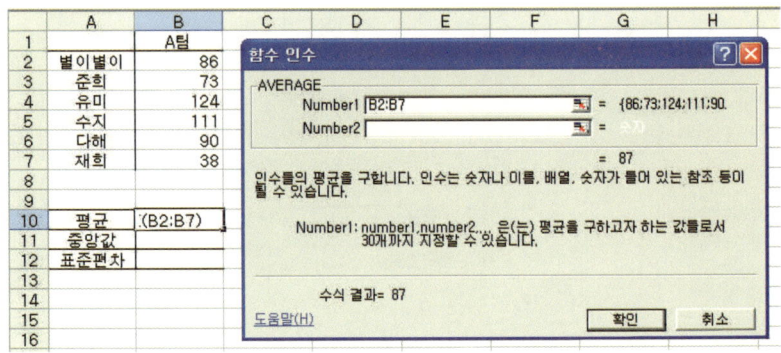

Step 5

계산 완료!!

그림 2-4

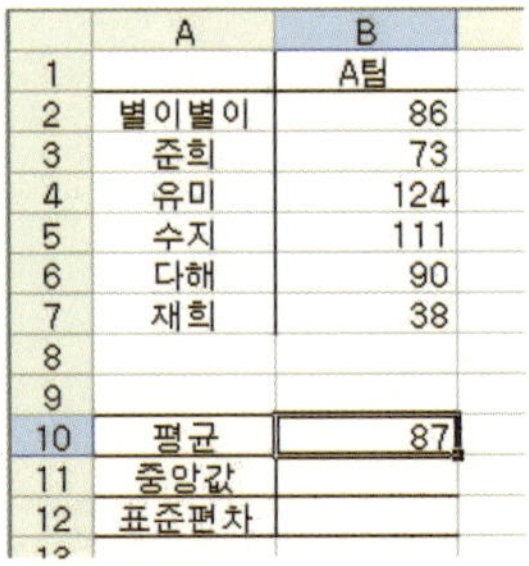

Step 6

[Step1]부터 [Step5]까지와 같은 방법으로 중앙값과 표준편차를 구한다. 중앙값을 구할 때에는 'MEDIAN'이라는 함수를, 표준편차를 구할 때에는 'STDEVP'라는 함수를 이용한다.

③ 단순집계표를 작성한다

사용할 데이터 : 61쪽

Step 1

셀 'F20'을 선택한다.

그림 3-1

	A	B	C	D	E	F	G	H
1		새로운 교복의 선호도			새로운 교복의 선호도			새로운 교복의 선호도
2	1	좋다		16	보통이다		31	보통이다
3	2	보통이다		17	좋다		32	보통이다
4	3	좋다		18	좋다		33	좋다
5	4	보통이다		19	좋다		34	싫다
6	5	싫다		20	좋다		35	좋다
7	6	좋다		21	좋다		36	좋다
8	7	좋다		22	좋다		37	좋다
9	8	좋다		23	싫다		38	좋다
10	9	좋다		24	보통이다		39	보통이다
11	10	좋다		25	좋다		40	좋다
12	11	좋다		26	좋다			
13	12	좋다		27	싫다			
14	13	보통이다		28	좋다			
15	14	좋다		29	좋다			
16	15	좋다		30	좋다			
17								
18								
19						도수		
20					좋다			
21					보통이다			
22					싫다			

Step 2

메뉴 바의 '삽입'에서 '함수'를 선택한다.

Step 3

'범주 선택'에서 '통계'를 선택하고, 함수 선택에서 'COUNTIF'를 선택한다.

다음 그림과 같이 범위를 선택하고, '검색조건'에 '좋다'를 직접 입력한 후 '확인' 버튼을 누른다.

그림 3-2

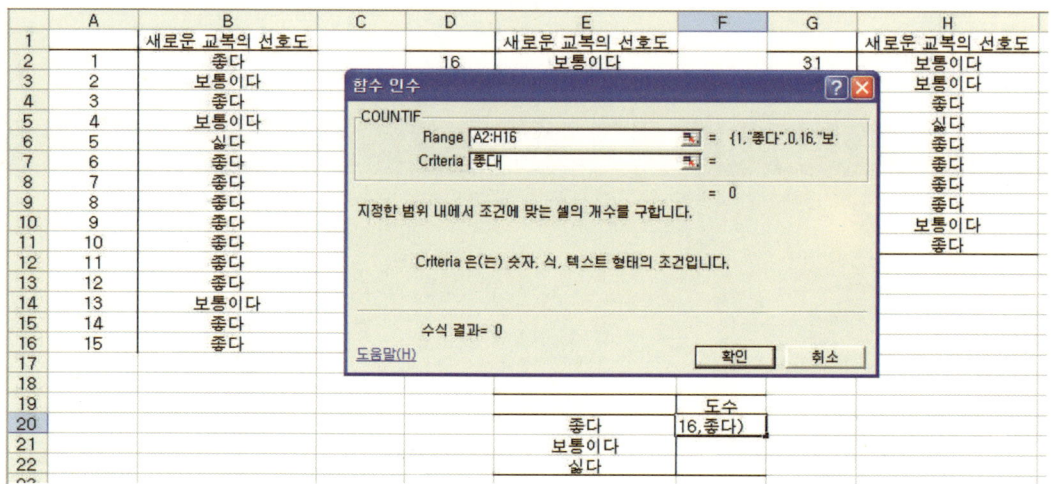

계산 완료!!

그림 3-3

	A	B	C	D	E	F	G	H
1		새로운 교복의 선호도			새로운 교복의 선호도			새로운 교복의 선호도
2	1	좋다		16	보통이다		31	보통이다
3	2	보통이다		17	좋다		32	보통이다
4	3	좋다		18	좋다		33	좋다
5	4	보통이다		19	좋다		34	싫다
6	5	싫다		20	좋다		35	좋다
7	6	좋다		21	좋다		36	좋다
8	7	좋다		22	싫다		37	좋다
9	8	좋다		23	싫다		38	좋다
10	9	좋다		24	보통이다		39	보통이다
11	10	좋다		25	좋다		40	좋다
12	11	좋다		26	좋다			
13	12	좋다		27	싫다			
14	13	보통이다		28	좋다			
15	14	좋다		29	좋다			
16	15	좋다		30	좋다			
17								
18								
19						도수		
20					좋다	28		
21					보통이다			
22					싫다			

Step 6

[Step1]부터 [Step5]까지와 같은 방법으로 '어느 쪽도 아니다', '싫다'의 도수를 구한다.

④ 표준값, 편차값을 산출한다

사용할 데이터 : 72쪽

[Step1]부터 [Step9]까지가 표준값에 관한 순서이다. 그리고 [Step10]부터 [Step12]까지가 편차값에 관한 순서이다.

표준값을 구하는 함수는 Excel에 존재하지만, 편차값을 구하기 위한 함수는 존재하지 않는다. 그러나 표준값의 결과를 이용하면 편차값을 비교적 쉽게 구할 수 있다. 따라서 이 책에서는 Excel로 편차값도 구할 수 있다고 상정했다.

Step 1

셀 'E2'를 선택한다.

그림 4-1

	A	B	C	D	E	F
1		국사			표준값	편차값
2	별이	73		별이		
3	유미	61		유미		
4	A	14		A		
5	B	41		B		
6	C	49		C		
7	D	87		D		
8	E	69		E		
9	F	65		F		
10	G	36		G		
11	H	7		H		
12	I	53		I		
13	J	100		J		
14	K	57		K		
15	L	45		L		
16	M	56		M		
17	N	34		N		
18	O	37		O		
19	P	70		P		
20	평균	53				
21	표준편차	22.7				

Step 2

메뉴 바의 '삽입'에서 '함수'를 선택한다.

Step 3

'범주 선택'에서 '통계'를 선택하고, '함수 선택'에서 'STANDARDIZE'를 선택한다.

Step 4

셀 'B2'를 선택한다.

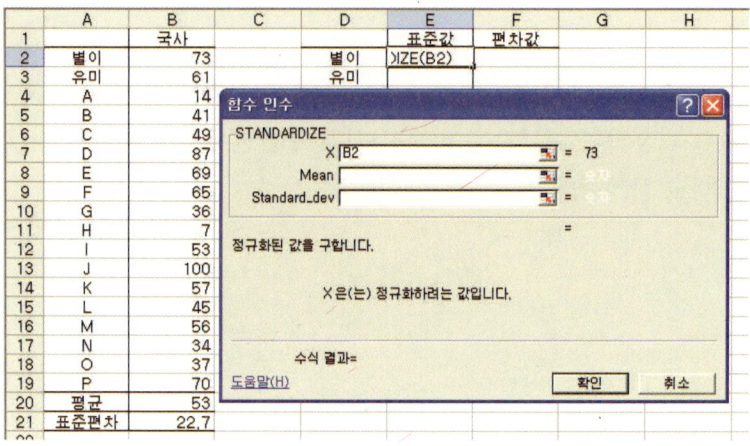

그림 4-2

 Step 5

'Mean'에서 셀 'B20'를 선택한 후 'F4' 키를 한 번 눌러서 'B20'이 'B20'이 되었는지 확인한다.

그림 4-3

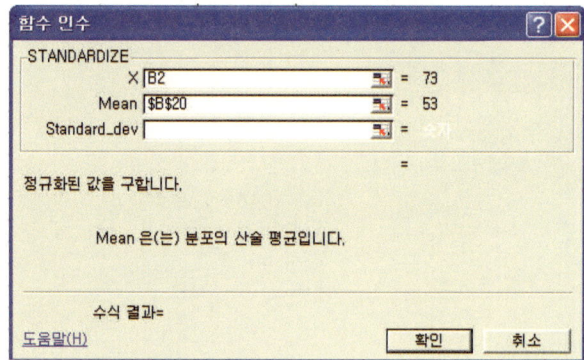

Step 6

'Standard-dev'에서 'B21'을 선택한 후 'F4'키를 한 번 눌러서 'B21'이 'B21'이 되었는지 확인한 후 '확인' 버튼을 누른다.

그림 4-4

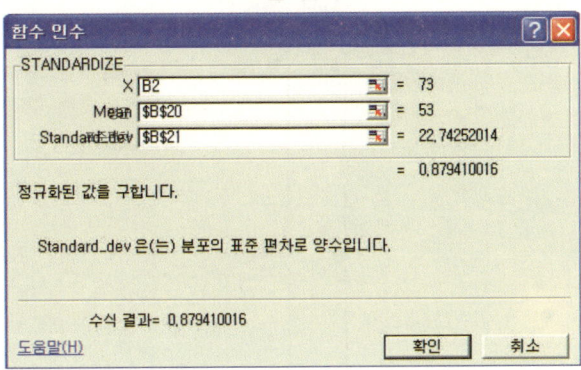

Step 7

별이의 표준값이 산출되었는지 확인한다.

그림 4-5

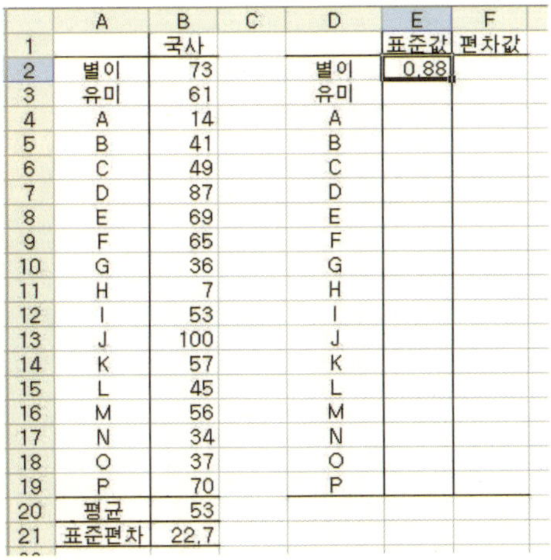

Step 8

마우스 포인터를 셀 'E2'의 오른쪽 밑으로 가져가 화살표가 '검은 십자가'로 변하면, 마우스 왼쪽 버튼을 누르면서 셀 'E19'까지 드래그한다.

그림 4-6

D	E	F
	표준값	편차값
별이	0.88	
유미		
A		
B		
C		
D		
E		
F		
G		
H		
I		
J		
K		
L		
M		
N		
O		
P		

Step 9

편차값 계산 완료

그림 4-7

D	E	F
	표준값	편차값
별이	0.88	
유미	0.35	
A	-1.7	
B	-0.5	
C	-0.2	
D	1.49	
E	0.7	
F	0.53	
G	-0.7	
H	-2	
I	0	
J	2.07	
K	0.18	
L	-0.4	
M	0.13	
N	-0.8	
O	-0.7	
P	0.75	

Step 10

셀 'F2'를 선택한 다음 워드 프로그램에서 입력하는 것과 같은 방법으로 '=E2*10+50'이라고 입력한 후 'Enter' 키를 누른다.

그림 4-8

D	E	F
	표준값	편차값
별이	0.88	=E2*10+50
유미	0.35	
A	-1.7	
B	-0.5	
C	-0.2	
D	1.49	
E	0.7	
F	0.53	
G	-0.7	
H	-2	
I	0	
J	2.07	
K	0.18	
L	-0.4	
M	0.13	
N	-0.8	
O	-0.7	
P	0.75	

Step 11

[Step 8]과 같은 조작을 실시한다.

Step 12

편차값 계산 완료!!

그림 4-9

D	E	F
	표준값	편차값
별이	0.88	58.79
유미	0.35	53.52
A	-1.7	32.85
B	-0.5	44.72
C	-0.2	48.24
D	1.49	64.95
E	0.7	57.04
F	0.53	55.28
G	-0.7	42.53
H	-2	29.77
I	0	50
J	2.07	70.67
K	0.18	51.76
L	-0.4	46.48
M	0.13	51.32
N	-0.8	41.65
O	-0.7	42.96
P	0.75	57.47

⑤ 표준정규분포의 확률을 산출한다

사용할 데이터 : 93쪽

Step 1

셀 'B2'를 선택한다.

그림 5-1

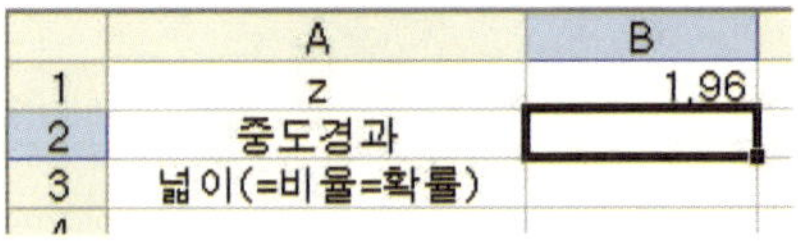

	A	B
1	z	1.96
2	중도경과	
3	넓이(=비율=확률)	

Step 2

메뉴 바의 '삽입'에서 '함수'를 선택한다.

Step 3

'범주 선택'에서 '통계'를 선택하고, '함수 선택'에서 'NORMSDIST'를 선택한다.

Step 4

셀 'B1'을 선택한 후 '확인' 버튼을 누른다.

그림 5-2

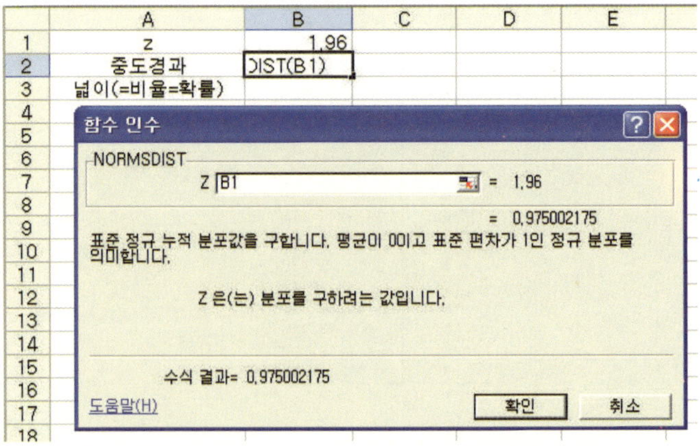

Step 5

참고로 'NORMSDIST'는 다음 그래프의 확률을 구하기 위한 함수이다.

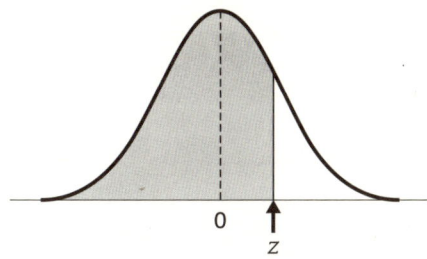

'B3'에 워드 프로그램에서 입력하는 것과 같은 방법으로 '=B2－0.5'라 입력한다.

그림 5-3

	A	B
1	z	1.96
2	중도경과	0.975002
3	넓이 (=비율=확률)	=B2-0.5

Step 6

계산 완료!!

그림 5-4

	A	B
1	z	1.96
2	중도경과	0.975002
3	넓이 (=비율=확률)	0.475002

⑥ 카이제곱분포의 가로축 값을 산출한다

사용할 데이터 : 104쪽

Step 1

셀 'B3'을 선택한다.

그림 6-1

	A	B
1	P	0.05
2	자유도	1
3	카이제곱	

Step 2

메뉴 바의 '삽입'에서 '함수'를 선택한다.

Step 3

'범주 선택'에서 '통계'를 선택하고, '함수 선택'에서 'CHIINV'를 선택한다.

Step 4

셀 'B1'과 셀 'B2'를 선택한 후 '확인' 버튼을 누른다.

그림 6-2

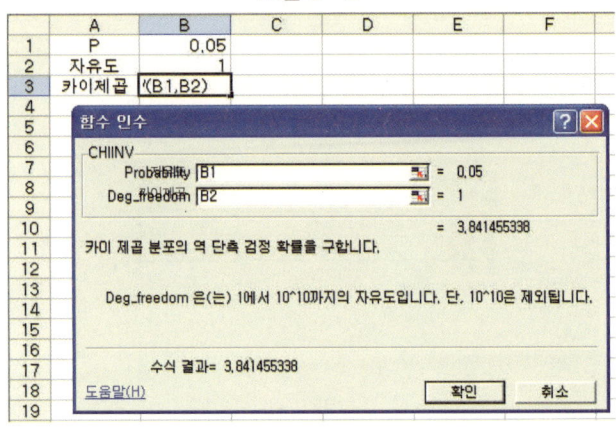

Step 5

계산 완료!!

그림 6-3

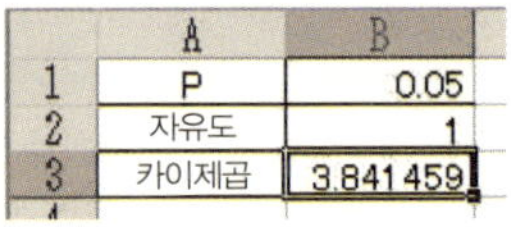

⑦ 상관계수의 값을 산출한다

사용할 데이터 : 116쪽

Step 1

셀 'B14'를 선택한다.

그림 7-1

	A	B	C
1		화장품값(원)	옷값(원)
2	A씨	3000	7000
3	B씨	5000	8000
4	C씨	12000	25000
5	D씨	2000	5000
6	E씨	7000	12000
7	F씨	15000	30000
8	G씨	5000	10000
9	H씨	6000	15000
10	I씨	8000	20000
11	J씨	10000	18000
12			
13			
14	상관계수		

Step 2

메뉴 바의 '삽입'에서 '함수'를 선택한다.

Step 3

'범주 선택'에서 '통계'를 선택하고, '함수 선택'에서 'CORREL'을 선택한다.

Step 4

다음 그림과 같이 범위를 선택하고 '확인' 버튼을 누른다.

그림 7-2

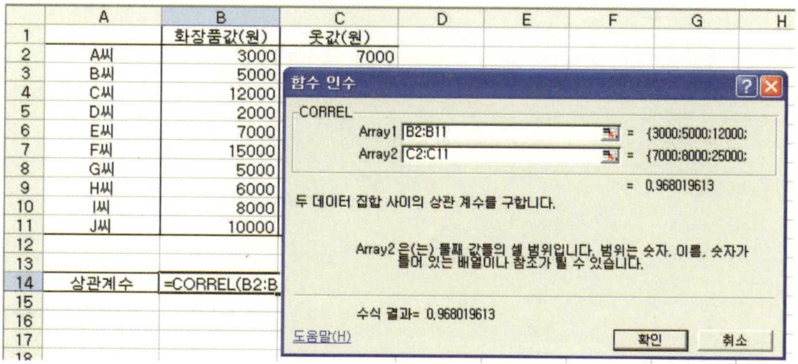

Step 5

계산 완료!!

그림 7-3

	A	B	C
1		화장품값(원)	옷값(원)
2	A씨	3000	7000
3	B씨	5000	8000
4	C씨	12000	25000
5	D씨	2000	5000
6	E씨	7000	12000
7	F씨	15000	30000
8	G씨	5000	10000
9	H씨	6000	15000
10	I씨	8000	20000
11	J씨	10000	18000
12			
13			
14	상관계수	0.968019613	

참고
상관비와 크래머 연관계수를 구하기 위한 Excel 함수는 아쉽게도 존재하지 않는다.

⑧ 독립성 검정을 한다

사용할 데이터 : 157쪽

Step 1

셀 'B8'을 선택한다.

그림 8-1

	A	B	C	D	E
1		전화로	메일로	직접 만나서	계
2	여성	34	61	53	148
3	남성	38	40	74	152
4		72	101	127	300
5					
6					
7		전화로	메일로	직접 만나서	
8	여성				
9	남성				
10					
11					
12	P수치				

Step 2

셀 'B8'에 워드 프로그램에서 입력하는 것과 같은 방법으로 '=E2*B4/E4'라 입력한다. 이 때 아직 'Enter' 키는 누르지 않는다.

그림 8-2

	A	B	C	D	E
1		전화로	메일로	직접 만나서	계
2	여성	34	61	53	148
3	남성	38	40	74	152
4	계	72	101	127	300
5					
6					
7		전화로	메일로	직접 만나서	
8	여성	=E2*B4/E4			
9	남성				

Step 3

'E2'라고 써 있는 부분을 선택한 후 'F4' 키를 3번 눌러 'E2'가 '$E2'가 되었는지 확인한다. 아직 'Enter' 키는 누르지 않는다.

그림 8-3

	A	B	C	D	E
1		전화로	메일로	직접 만나서	계
2	여성	34	61	53	148
3	남성	38	40	74	152
4	계	72	101	127	300
5					
6					
7		전화로	메일로	직접 만나서	
8	여성	=$E2*B4/E4			
9	남성				

Step 4

'B4'라고 써 있는 부분을 선택한 후 'F4' 키를 2번 눌러 'B4'가 'B$4'가 되었는지 확인한다. 'E4'라고 써 있는 부분을 선택한 후 'F4' 키를 1번 눌러 'E4'가 'E4'가 되었는지 확인한 후 'Enter' 키를 누른다.

그림 8-4

	A	B	C	D	E
1		전화로	메일로	직접 만나서	계
2	여성	34	61	53	148
3	남성	38	40	74	152
4	계	72	101	127	300
5					
6					
7		전화로	메일로	직접 만나서	
8	여성	=$E2*B$4/E4			
9	남성				

Step 5

셀 'B8'을 선택한 다음 마우스 포인터를 셀 'B8'의 오른쪽 밑으로 가져가 화살표가 '검은 십자가'로 변하면, 마우스 왼쪽 버튼을 누르면서 셀 'D8'까지 드래그한다.

그림 8-5

	A	B	C	D	E
1		전화로	메일로	직접 만나서	계
2	여성	34	61	53	148
3	남성	38	40	74	152
4	계	72	101	127	300
5					
6					
7		전화로	메일로	직접 만나서	
8	여성	35.52			
9	남성				

Step 6

셀 'B8'부터 셀 'D8'까지를 선택한 다음 마우스 포인터를 셀 'D8'의 오른쪽 밑으로 가져가 화살표가 '검은 십자가'로 변하면, 마우스 왼쪽 버튼을 누르면서 셀 'D19'까지 드래그한다.

그림 8-6

	A	B	C	D	E
1		전화로	메일로	직접 만나서	계
2	여성	34	61	53	148
3	남성	38	40	74	152
4	계	72	101	127	300
5					
6					
7		전화로	메일로	직접 만나서	
8	여성	35.52	49.82666667	62.65333333	
9	남성				

Step 7

셀 'B12'를 선택한 다음 메뉴 바의 '삽입'에서 '함수'를 선택하고, '범주 선택'에서 '통계'를, '함수 선택'에서 'CHITEST'를 선택한다.

그림 8-7

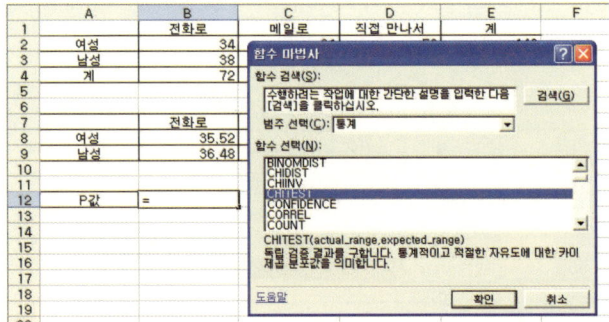

Step 8

다음 그림과 같이 범위를 선택한 후 '확인' 버튼을 누른다.

그림 8-8

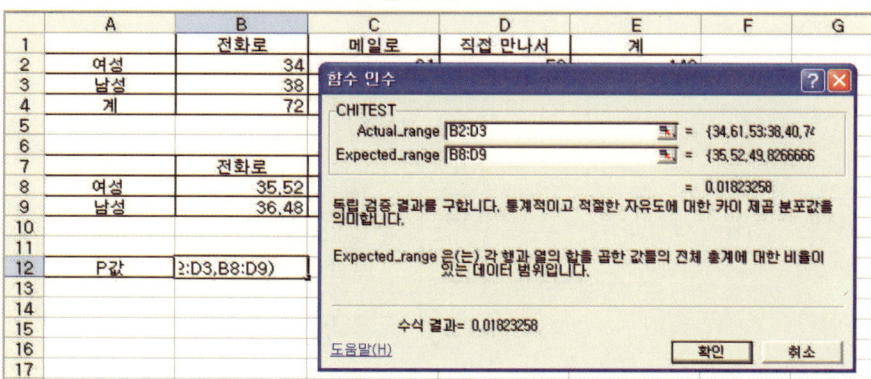

Step 9

계산 완료!! (177쪽 P값과 일치하는지 확인한다.)

그림 8-9

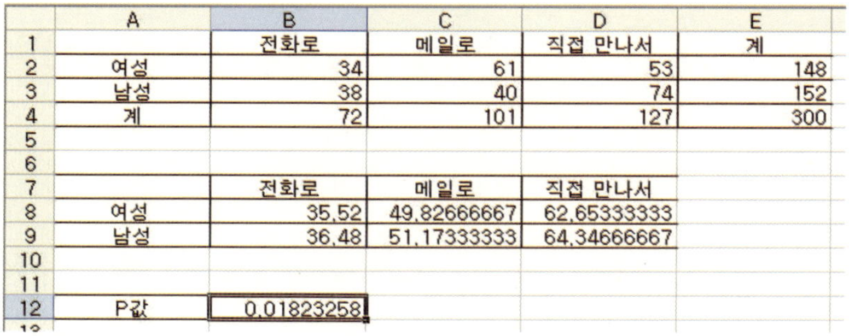

Index 찾·아·보·기

AVERAGE — 196

CHIDIST — 107
CHIINV — 206
CHITEST — 210
CORREL — 207

F분포 — 106
FDIST — 107
FINV — 107
FREQUENCY — 193

MEDIAN — 197

NORMDIST — 107
NORMINV — 107
NORMSDIST — 107, 205
NORMSINV — 107

P값 — 175

STDEVP — 197

t분포 — 106

TDIST — 107
TINV — 107

검정 — 149
검정통계량 — 128
계급 — 35
계급값 — 36
귀무가설 — 150, 161, 170
급내변동 — 123
기각역 — 150, 159
기대도수 — 130
기술통계학 — 57
기준값 — 72
기준화 — 71
기하평균 — 43

단상관계수 — 117
단상관계수의 수치 — 207
단순 집계표 — 62
대립가설 — 150, 161, 170
도수 — 36
도수분포표 — 32, 54, 58, 192
독립계수 — 129
독립성의 검정 — 137, 151

동일성의 검정　184

■
모비율 차의 검정　149
모집단　4, 6
모평균 차의 검정　149
무상관　119
무상관의 검정　149

■
산술평균　43
상가분포　43
상가평균　43
상관　119
상관비　117, 121
상관비의 검정　149
상대도수　36
상승평균　43
수량데이터　19
실측도수　130

■
유의수준　150, 159

■
자유도　99, 101
정규분포　86, 88
조화평균　43
중앙값　44
추측통계학　57

■
카이 제곱 검정　151
카이 제곱 분포　99
카이 제곱 분포표　103
카테고리 데이터　19
카테고리컬 데이터　19
크래머의 관련계수　129
크래머의 연관계수　117, 129
크래머의 V　129
크로스 집계표　128

■
통계적 가설검정　149

■
편차값　66, 74
평균　41
표본　4, 6
표준정규분포　71
표준정규분포의 확률　204
표준정규분포표　92
표준편차　49
표준화　89
피어슨의 카이제곱통계량　132

■
확률밀도함수　85
히스토그램　38

◆◆◆ 참고문헌 ◆◆◆

* 이시무라 사다오, 《통계해석 이야기》(도쿄도서), 1989
* 우치다 오사무/간 다미로/다카하시 신, 《EXCEL어드인에 의한 다변량 해석》(도쿄도서), 2003
* 가리야 다이치, 《의치계ㆍ생물계의 베이직 통계학》(교리츠 출판), 1988
* 간 다미로, 《신판 앙케트 데이터 분석》(현대수학사) ,2000
* 간 다미로, 《Excel로 배우는 통계해석 입문(제2판)》(오우무사), 2003
* 스기야마 다카카즈, 《통계학 입문》(켄분샤), 1984
* 스즈키 다케루/야마다 사쿠타로, 《수리통계학-기초부터 배우는 데이터 해석》(田老鶴圓), 1996
* 도요타 히데키, 《조사법 강의》(아사쿠라 서점), 1998
* 도쿄대학 교양학부 통계학교실 편, 《통계학 입문》(도쿄대학 출판회), 1991
* 도쿄대학 교양학부 통계학교실 편, 《자연과학의 통계학》(도쿄대학 출판회), 1992
* 도쿄대학 교양학부 통계학교실 편, 《인문. 사회과학의 통계학》(도쿄대학 출판회), 1994
* 나가타 야스시, 《통계적 방법의 구조》(日科技連), 1996
* 나가타 야스시/무네치카 마사히코, 《다변량 해석법 입문》(사이언스사), 2001
* 노다 카즈오/미야오카 에츠오, 《입문: 연습 수리통계》(교리츠 출판), 1990
* L. 고닉 W. 스미스 (나카무라 카즈유키 역) 《만화: 확률ㆍ통계를 경이적으로 이해한다》 (하쿠요사), 1995

〈저자 약력〉

Shin Takahashi [高橋 信]

1972년 니가타현 출생. 규슈예술공과대학(현 규슈대학) 대학원 예술공학연구과 정보전달 전공 수료. 민간기업에서 데이터 분석 업무나 세미나 강사 업무에 종사한 후, 현재는 저술가

http://www.geocities.jp/sinta9695

〈저서〉

『만화로 쉽게 배우는 통계학[회귀분석편]』(옴사)
『만화로 쉽게 배우는 통계학[인자분석편]』(옴사)
『만화로 쉽게 배우는 선형대수』(옴사)
『쉬운 실험 계획법』(옴사)
『입문 신호처리를 위한 수학』(옴사)
『엑셀로 배우는 대응일치 분석』(옴사)
『바로 이해할 수 있는 생존 시간해석』(도쿄도서)
『바쁜 당신을 위한 레스 Q! 의료통계학』(도쿄도서)
『수학에 강해지는 데이터분석 입문』(PHP연구소)

● 만화 제작 주식회사 트렌드 프로

만화나 일러스트를 이용한 각종 툴의 기획 · 제작을 하는 1988년 창업한 프로덕션.
일본 최대급의 실적을 자랑하는 주식회사 트렌드 프로의 제작 노하우를 서적제작에 특화시킨 서비스 브렌드가 북스플러스.
기획 · 편집 · 제작을 한번에 행하는 업계에서 손꼽히는 전문팀.
BOOKS http://www.books-plus.jp
도쿄도 미나토구 신바시 2-12-5 이케덴빌딩 3층
TEL : 03-3519-6769   FAX : 03-3519-6110

● 시나리오   re_akino
● 작화   Iroha Inoue

만화로 쉽게 배우는 시리즈

만화로 쉽게 배우는 통계학
다카하시 신 지음
김선민 번역
224쪽 | 17,000원

만화로 쉽게 배우는 회귀분석
다카하시 신 지음
윤성철 번역
224쪽 | 17,000원

만화로 쉽게 배우는 인자분석
다카하시 신 지음
남경현 번역
248쪽 | 16,000원

만화로 쉽게 배우는 베이즈 통계학
다카하시 신 지음
정석오 감역 | 이영란 번역
232쪽 | 17,000원

만화로 쉽게 배우는 보건통계학
다큐 히로시, 코지마 다카야 지음
이정렬 감역 | 홍희정 번역
272쪽 | 17,000원

만화로 쉽게 배우는 데이터베이스
다카하시 마나 지음
홍희정 번역
240쪽 | 16,000원

만화로 쉽게 배우는 허수·복소수
오치 마사시 지음
강창수 번역
236쪽 | 17,000원

만화로 쉽게 배우는 미분방정식
사토 미노루 지음
박현미 번역
236쪽 | 17,000원

만화로 쉽게 배우는 미분적분
코지마 히로유키 지음
윤성철 번역
240쪽 | 17,000원

만화로 쉽게 배우는 선형대수
다카하시 신 지음
천기상 감역 | 김성훈 번역
296쪽 | 17,000원

만화로 쉽게 배우는 푸리에 해석
시부야 미치오 지음
홍희정 번역
256쪽 | 17,000원

만화로 쉽게 배우는 물리[역학]
닛타 히데오 지음
이춘우 감역 | 이창미 번역
232쪽 | 17,000원

만화로 쉽게 배우는 물리[빛·소리·파동]
닛타 히데오 지음
김선배 감역 | 김진미 번역
240쪽 | 17,000원

만화로 쉽게 배우는 양자역학
이사카와 켄지 지음
가와바타 키요시 감수 | 이희천 번역
256쪽 | 17,000원

만화로 쉽게 배우는 상대성 이론
야마모토 마사후미 지음
닛타 히데오 감수 | 이도희 번역
188쪽 | 17,000원

만화로 쉽게 배우는 열역학
하라다 토모히로 지음
이도희 번역
208쪽 | 17,000원

※정가는 변동될 수 있습니다.

만화로 쉽게 배우는 시리즈

만화로 쉽게 배우는 **유체역학**

다케이 마사히로 지음
김영탁 번역
200쪽 | 17,000원

만화로 쉽게 배우는 **재료역학**

스에마스 히로시, 나가시마 토시오 지음
김순채 감역 | 김소라 번역
240쪽 | 17,000원

만화로 쉽게 배우는 **토질역학**

카노 요스케 지음
권유동 감역 | 김영진 번역
284쪽 | 16,000원

만화로 쉽게 배우는 **콘크리트**

이시다 테츠야 지음
박정식 감역 | 김소라 번역
190쪽 | 16,000원

만화로 쉽게 배우는 **측량학**

쿠리하라 노리히코, 사토 야스오 지음
임진근 감역 | 이종원 번역
188쪽 | 16,000원

만화로 쉽게 배우는 **전기수학**

다나카 켄이치 지음
이태원 감역 | 김소라 번역
268쪽 | 17,000원

만화로 쉽게 배우는 **전기**

소노다 마사루 지음
주홍렬 감역 | 홍희정 번역
224쪽 | 17,000원

만화로 쉽게 배우는 **전기회로**

이이다 요시카즈 지음
손진근 감역 | 양나경 번역
240쪽 | 17,000원

만화로 쉽게 배우는 **전자회로**

다나카 켄이치 지음
손진근 감역 | 이도희 번역
184쪽 | 17,000원

만화로 쉽게 배우는 **전자기학**

엔도 마사모리 지음
신익호 감역 | 김소라 번역
264쪽 | 17,000원

만화로 쉽게 배우는 **발전·송배전**

후지타 고로 지음
오철균 감역 | 신미성 번역
232쪽 | 17,000원

만화로 쉽게 배우는 **전기설비**

이가라시 히로카즈 지음
이상경 감역 | 고운채 번역
200쪽 | 17,000원

만화로 쉽게 배우는 **시퀀스 제어**

후지타키 카즈히로 지음
김원회 감역 | 이도희 번역
212쪽 | 17,000원

만화로 쉽게 배우는 **모터**

모리모토 마사유키 지음
신미성 번역
200쪽 | 17,000원

만화로 쉽게 배우는 **디지털 회로**

아마노 히데하루 지음
신미성 번역
224쪽 | 17,000원

만화로 쉽게 배우는 **전지**

후지타키 카즈히로, 사토 유이치 지음
김광호 감역 | 김필호 번역
200쪽 | 16,000원

※정가는 변동될 수 있습니다.

만화로 쉽게 배우는 통계학

원제 : マンガでわかる 統計学

2006. 7. 20. 초 판 1쇄 발행
2021. 10. 29. 개정 1판 9쇄 발행

지은이 | 다카하시 신
그 림 | 이노우에 이로하
역 자 | 김선민
제 작 | TREND · PRO
펴낸이 | 이종춘
펴낸곳 | (주)도서출판 성안당

주소 | 04032 서울시 마포구 양화로 127 첨단빌딩 3층(출판기획 R&D 센터)
      | 10881 경기도 파주시 문발로 112 파주 출판 문화도시(제작 및 물류)
전화 | 02) 3142-0036
      | 031) 950-6300
팩스 | 031) 955-0510
등록 | 1973. 2. 1. 제406-2005-000046호
출판사 홈페이지 | www.cyber.co.kr
ISBN | 978-89-315-8250-5 (17410)
정가 | 17,000원

이 책을 만든 사람들

본문 · 표지 디자인 | Artpress
홍보 | 김계향, 유미나, 서세원
국제부 | 이선민, 조혜란, 권수경
마케팅 | 구본철, 차정욱, 나진호, 이동후, 강호묵
마케팅 지원 | 장상범, 박지연
제작 | 김유석

이 책은 Ohmsha와 (주)도서출판 성안당의 저작권 협약에 의해 공동 출판된 서적으로, (주)도서출판 성안당 발행인의 서면 동의 없이는 이 책의 어느 부분도 재제본하거나 재생 시스템을 사용한 복제, 보관, 전기적 · 기계적 복사, DTP의 도움, 녹음 또는 향후 개발될 어떠한 복제 매체를 통해서도 전용할 수 없습니다.

■ 도서 A/S 안내

성안당에서 발행하는 모든 도서는 저자와 출판사, 그리고 독자가 함께 만들어 나갑니다.
좋은 책을 펴내기 위해 많은 노력을 기울이고 있습니다. 혹시라도 내용상의 오류나 오탈자 등이
발견되면 **"좋은 책은 나라의 보배"**로서 우리 모두가 함께 만들어 간다는 마음으로 연락주시기
바랍니다. 수정 보완하여 더 나은 책이 되도록 최선을 다하겠습니다.
성안당은 늘 독자 여러분들의 소중한 의견을 기다리고 있습니다. 좋은 의견을 보내주시는 분께는
성안당 쇼핑몰의 포인트(3,000포인트)를 적립해 드립니다.
잘못 만들어진 책이나 부록 등이 파손된 경우에는 교환해 드립니다.